普通高等教育"十四五"规划教材

环境认识实习指导

主　编　孟红旗　黄兴宇
副主编　邢明飞　赵　丽　李成杰

应急管理出版社

·北　京·

内 容 提 要

《环境认识实习指导》课程教学内容包括啤酒厂（生产型企业）、热力（电）厂、污水处理厂、城市生活垃圾处理站、城市周边矿山（粉煤灰堆场和缝山公园）生态调查，共计6个实习单元。

本书适合环境工程相关专业本科学生作为教材使用，也可供其他人员作为参考书使用。

前　言

《环境认识实习指导》是环境工程专业的必修实践课程。本课程上承《环境科学概论》《环境工程原理》，下启《大气污染控制工程》《水污染控制工程》《固体废物与资源化》等专业课程。本课程通过参与式教学方式，让学生参与到实习讲义的准备阶段，通过企业技术人员的讲解，使其认识并记录工艺过程、设备结构和具体操作工艺参数，通过咨询指导教师或网络查阅相关工艺原理，使其对企业生产过程中的废气、废水和固废产生环节及其防治措施、以及矿山生态恢复与治理等专业知识加深认识，增强学生的专业认同感，强化环境保护的责任与担当意识，充分发挥专业实践课程的育人功能。

本课程为参与式教学模式，教学组织分为4个阶段：阶段一：企业联系与实习讲义准备，设置学生讲解员，对实习现场进行提前认识，根据企业技术人员和指导教师的要求，形成现场讲解的讲义；阶段二：分成10～15人/小组，由学生讲解员对现场知识进行讲解，指导教师或企业技术人员补充；阶段三：学生根据现场认识，总结撰写实习报告；阶段四：组织学生进行实习答辩，加强实习效果。

孟红旗负责编写第2章、第6章和第3章部分内容并负责统稿，黄兴宇负责编写第1章，李成杰负责编写第3章部分内容，赵丽负责编写第4章，邢明飞负责编写第5章。河南理工大学环境工程专业17级和18级部分学生讲解员参与了教材资料的收集工作，研究生李红霞，本科生王尚、李娅琪、刘恩宇、常晓曼和杨璐参与了资料汇总工作，在此表示感谢！

由于编者编写能力有限，书中可能存在不足之处，恳请读者批评指正。

编　者

2021年5月

目　　次

1 啤酒厂 ··· 1
　1.1　路线一：酿造与包装 ··· 2
　1.2　路线二：污水站水线 ··· 8
　1.3　路线三：污水站泥气线 ·· 13

2 热电厂 ··· 17
　2.1　路线一：备煤 ·· 18
　2.2　路线二：锅炉 ·· 20
　2.3　路线三：尾气 ·· 23
　2.4　路线四：化水 ·· 28

3 污水处理厂 ·· 32
　3.1　路线一：Ⅱ厂区水线 ·· 34
　3.2　路线二：Ⅰ厂区水线 ·· 43
　3.3　路线三：Ⅱ厂区污泥—臭气线 ·· 51
　3.4　路线四：Ⅰ厂区污泥—臭气线 ·· 55

4 生活垃圾处理站 ··· 56
　4.1　路线一：沼气发电 ··· 56
　4.2　路线二：厨余 ·· 59
　4.3　路线三：渗滤液 ··· 61
　4.4　路线四：填埋 ·· 66

5 粉煤灰堆场 ·· 71
　5.1　实习路线 ·· 73

6 缝山公园 ·· 77
　6.1　路线一：谷地 ·· 78
　6.2　路线二：步道 ·· 81
　6.3　路线三：攀登 ·· 84

参考文献 ·· 86

1 啤 酒 厂

1. 简介

燕京啤酒（河南月山）有限公司坐落于博爱县月山镇工业路 18 号，占地面积 214 亩。河南燕京（月山）是河南第三大啤酒品牌公司，生产能力 3×10^8 L/a。目前，公司有 3 个包装车间，4 条灌装线，18 个办事处，销售覆盖河南北部和山西南部一些城市。啤酒厂综合办公楼如图 1-1 所示。

图 1-1　燕京啤酒综合办公楼

2. 发展历史

燕京啤酒（河南月山）有限公司前身是河南月山啤酒有限公司，始建于 1981 年，2010 年 8 月被燕京啤酒股份有限公司收购。公司自成立以来，啤酒生产能力实现了由 8×10^7 L/a 到 3×10^8 L/a 的提升。

3. 位置

正门（东经 113°04′62″，北纬 35°20′38″）厂区东北距月山寺 2.5 km，东北距月山火车站 1.1 km，东北距月山镇政府 1.5 km，东边距井里 0.9 km，东南距博爱公园 2.8 km，南距苏寨村 1.4 km，南距博爱勤奋学校 1.6 km，西南距图王村 1.7 km，西距九府庄村 1.9 km，西北距疙挡坡 2.5 km，如图 1-2 所示。

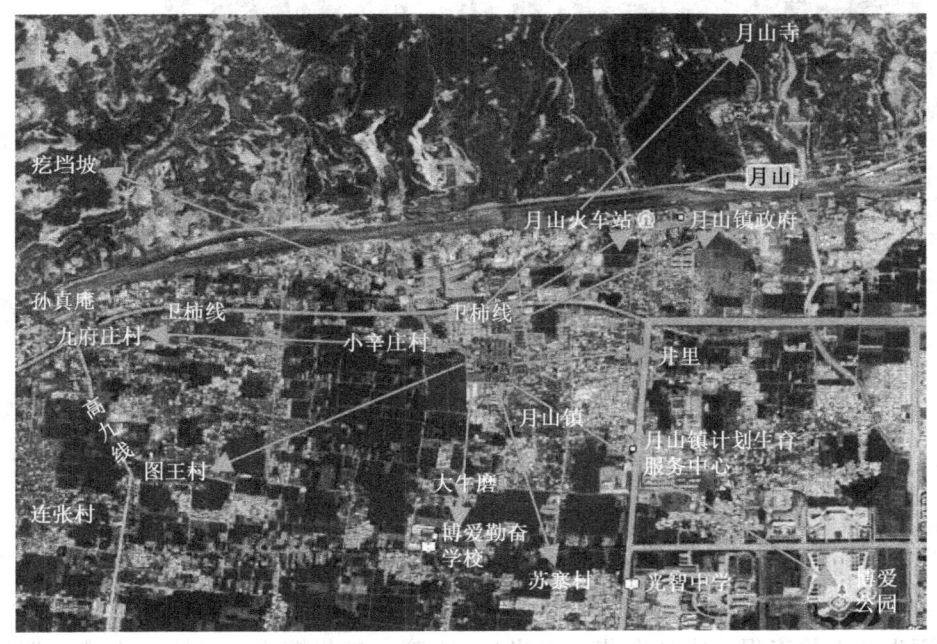

图 1-2　燕京啤酒公司位置图

4. 实习路线与目的

（1）路线一：酿造与包装。了解企业简介，了解啤酒生产过程，从原料糊化—糖化—过滤酿造—精滤—罐装—包装—整套流程，了解污染物产生环节。

（2）路线二：污水站水线。了解啤酒厂污水站的污水处理工艺，从污水来源—格栅集水池—滚筒过滤—IC 厌氧塔—好氧池—二沉池—出水。

（3）路线三：污水站泥气线。了解污水站滚筒污泥和生化池污泥的产生环节、压滤处理工艺，了解集水池臭气处理工艺及厌氧塔沼气产生与处理工艺，了解酿造剩余酵母菌干化工艺。

实习路线如图 1-3 所示。

图 1-3 实习路线图　　　　彩图

1.1 路线一：酿造与包装

1.1.1 啤酒生产工艺流程

啤酒生产工艺流程：成品麦芽（大米）→粉碎→糊化糖化→过滤→煮沸→沉淀→冷却→发酵→成熟→过滤→灌装→杀菌→包装→分销。工艺流程如图 1-4 所示：

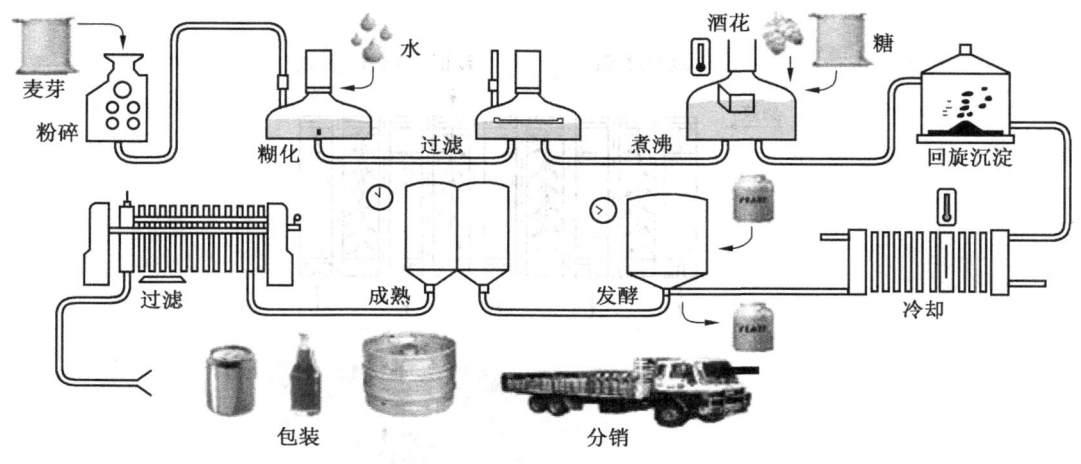

图1-4 啤酒生产流程图

1. 粉碎

大麦芽和大米经锤式粉碎机粉碎，振动筛筛选，进入糊化和糖化工序。

2. 糊化、糖化

（1）糊化。将大米等辅料放入糊化锅中煮沸。使得淀粉粒在一定温度下吸水膨胀而破裂，淀粉分子溶出，呈胶体状态分布于水中，形成糊状物，这个过程称为糊化。

糊化锅是一个巨大的回旋金属容器，内有卸料口、热水入口和底排空口，采用夹套式蒸汽加热，匹配搅拌装置、温度控制装置。

糊化工艺过程：糊化锅中加入工艺水，加热至70 ℃；将已粉碎好的原料加入糊化锅中，在温度70 ℃的条件下保持20 min，使α-淀粉酶充分水解；然后在100 ℃的条件下使淀粉充分糊化40 min。

（2）糖化。麦芽内含物在酶的作用下继续溶解和分解的过程。麦芽及其辅料粉碎物加水混合后，在不同温度段保持一定时间，使麦芽中酶在最适条件下充分作用相应底物，使之分解并溶于水。

糖化工艺过程：在糖化锅中加入工艺水，加热至37 ℃；将已粉碎好的麦芽加入糖化锅1中，在温度为42 ℃左右的条件下使羧肽酶充分作用，形成低分子含氮物质；然后将糊化锅和糖化锅1醪液中浆料按比例加入糖化锅2中，并在65 ℃下保持30 min，使β-淀粉酶充分降解淀粉；然后在72 ℃下保持40 min，让α-淀粉酶充分分解淀粉，之后升温至78 ℃。锅炉布置如图1-5所示。

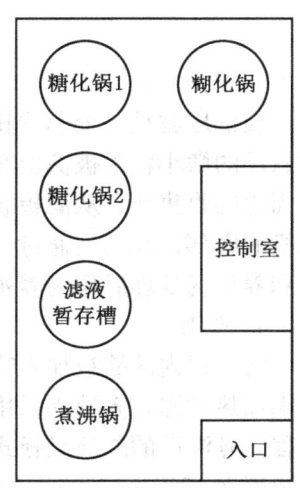

图1-5 生产车间锅炉布置图

3. 过滤

糖化结束后，必须将糖化醪液尽快地进行固液分离，即过滤，从而得到清亮的麦汁，作为啤酒酵母发酵的基质。经板框压滤机（图1-6）压滤后的固体部分称为"麦糟"。

图1-6 板框压滤机

板框压滤是一个非均相分离过程，利用过滤前后的压差使滤浆从滤框中部进入，滤浆中悬浮的微小粒子被截留在滤框内形成滤饼，滤液穿过滤布和滤饼层，在滤布后汇流到滤板周边的收集孔，从滤板收集到的滤液进入暂存锅。通过定期自动卸料，滤饼进入板框压滤机的底部，收集后通过气流输送，进入车间西南100 m外的麦糟储槽，最后通过车辆外运到养牛场处理后作为养殖饲料。

4. 煮沸

暂存锅内的醪液加入啤酒花等调味辅料，经板式换热器（图1-7a）预加热，进入煮沸锅加热煮沸。煮沸锅采用列管式换热器（图1-7b）加热，用高温蒸汽走壳程，醪液走管程。煮沸后的醪液经板式换热器冷却。醪液的沸点为103 ℃，通过煮沸可以适当控制麦汁浓度在12%～13%；并能破坏酶的活性，终止生物化学反应；使蛋白质变性凝固；使酒花中的有效成分充分溶出。

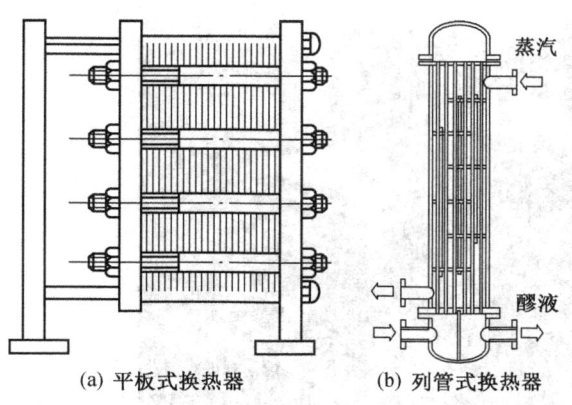

(a) 平板式换热器　　　(b) 列管式换热器

图 1-7　预加热装置

提问：搜索了解"啤酒花"的相关内容

5. 发酵

煮沸冷却后的醪液通过管道输送到发酵车间，加入酵母菌在发酵罐内发酵 15 天左右。传统的发酵过程一般分为两个阶段：主发酵和后发酵（贮酒）。主发酵工艺分为起泡期、高泡期和落泡期 3 个阶段。主发酵过程主要影响因素是温度、浓度和发酵时间。

6. 过滤

经过后发酵而成熟的啤酒中高分子氮以及凝固物的含量多，α-葡聚糖以及β-葡聚糖含量也多，所以过滤性能相对较差。为保证过滤的速度，一般采用的措施是：过滤前对发酵液快速降温（过冷），使发酵液温度降低，促进蛋白质的析出；过冷后通过硅藻土过滤机过滤，在过滤机中将所有剩余的酵母和不溶性蛋白质滤去，使啤酒清澈透明；然后进入清酒罐成为待包装的清酒。

1.1.2　啤酒包装过程

整个包装过程：卸垛→卸箱→洗瓶→验瓶→灌装→杀菌→贴标→装箱→码垛→出库。包装车间如图 1-8 所示。

1. 洗瓶

由卸瓶机抓取瓶子放至输送带，抓取瓶子多次浸入碱液浸泡、倾倒后，再用热水冲洗，再用清水冲洗 3 次。洗瓶过程分一次清洗和二次清洗，一次清洗用的碱液来自二次清洗循环，二次清洗碱液来自碱液槽。一次清洗过程中产生的废水含有 NaOH，经管道送至污水处理站。本企业采用 2 台双端式洗瓶机清洗（一侧进脏瓶一侧出净瓶）如图 1-9 所示。

2. 验瓶

经清洗出来的洁净瓶子由输瓶带送入验瓶机。检测的项目有：侧壁标签是否清洗完全，瓶底是否有异物，瓶口是否破损。过程中瓶身旋转，以便全方位检测。不合格的瓶子重新回到洗瓶机，如果是瓶口破损，直接由工作人员挑出弃用。

图 1-8 包装车间　　　　彩图

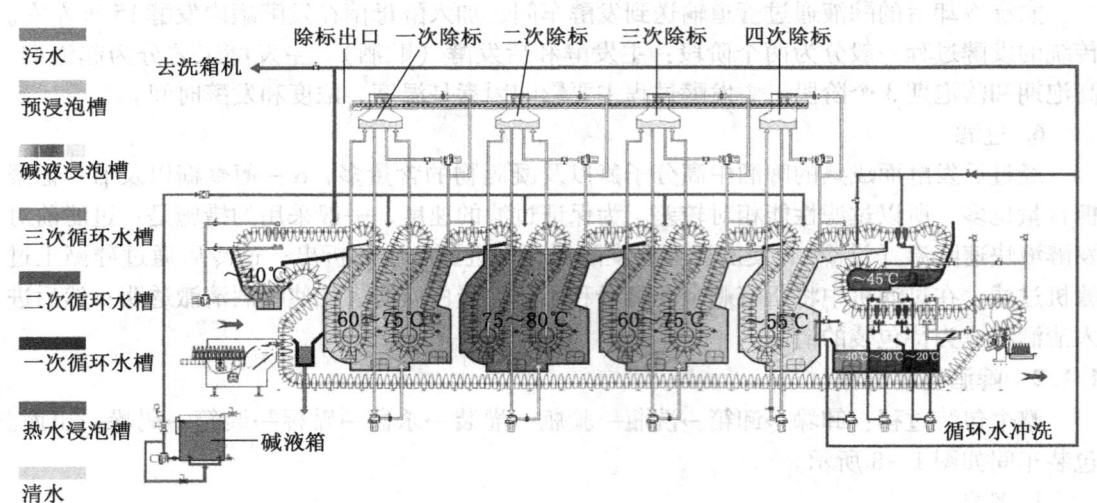

图 1-9 双端洗瓶装置

3. 灌装

清酒进入车间经过 2~5 μm 的一级过滤器和二级过滤器，进入清酒罐。清酒罐内酒液正常罐装后经巴氏消毒法（加热到 62~65 ℃，保持 30 min，灭菌效率可达 97.3%~99.9%），贴标制成熟啤酒；纯生啤酒生产时，清酒罐内酒液采用 0.20~0.45 μm 微孔膜三级过滤除菌，罐装后贴标制成纯生啤酒（高端）。流水线上空瓶子首先被抽真空，后将清酒罐内的备压气体（CO_2）冲入瓶中，再将清酒注入瓶中。封口前，由高压热水枪喷出微量热水激瓶，引起泡沫上浮，挤掉上端的空气，封口，贴标，打码。

啤酒包装以瓶装或罐装为主，内装经杀菌的熟啤酒和纯生啤酒，还有一种短期贮存的桶装啤酒，内装未经杀菌的鲜啤酒。当地销售的啤酒以瓶装熟啤酒和桶装鲜啤酒为主，销往外地或出口啤酒为瓶装或罐装的熟啤酒和纯生啤酒为主。

1.1.3 啤酒生产与包装工艺中的产污环节

啤酒生产过程中的产污环节如图1-10a所示。其中有2处废气产生环节；3处废水产生环节；3处固废产生环节；1处噪声产生环节。

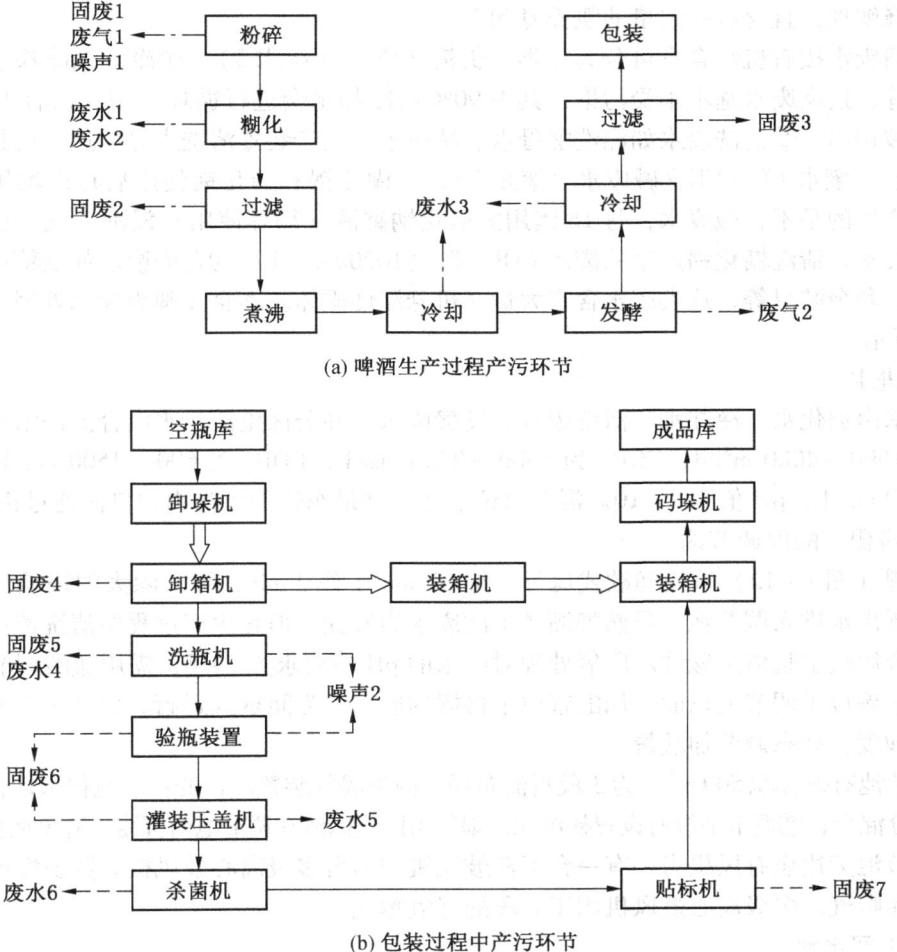

(a) 啤酒生产过程产污环节

(b) 包装过程中产污环节

固废1—类种皮物质；固废2—麦糟；固废3—剩余酵母菌；固废4—废纸箱；固废5—废商标；固废6—玻璃碎渣；固废7—标签碎纸；废水1—刷锅废水；废水2—含碱刷锅废水；废水3—过滤前冷却废水；废水4—含碱洗瓶废水；废水5—灌装漏液；废水6—高温杀菌废水；废气1—麦芽或大米粉尘；废气2—发酵废气CO_2；噪声1—粉碎振动机械噪声；噪声2—洗瓶验瓶噪声

图1-10 生产与包装过程的产污环节

包装工艺产污环节如图 1-10b 所示。其中有 4 处固废产生环节；3 处废水产生环节；1 处噪声产生环节。

1.2 路线二：污水站水线

1. 水质分析

啤酒生产过程中会产生大量的废水，生产 1 t 啤酒大概要产生 3~5 t 的废水。啤酒工业废水主要含糖类、醇类等有机物，有机物浓度较高，虽然无毒，但易于腐败，排入水体要消耗大量的溶解氧，对水体环境造成危害。啤酒废水的水质和水量在不同季节有一定差别，啤酒废水 COD_{cr} 含量为 1000~2500 mg/L，BOD_5 含量为 600~1500 mg/L，具有较高的生物可降解性，且含有一定量的凯氏氮和磷。

啤酒废水按有机物含量可分为三类：①清洁废水（废水 3），如冷冻机冷却水、麦汁冷却水等，这类废水基本未受污染，其中 90% 的冷却水会进行循环利用，仅有 10% 的冷却废水被排出；②清洗废水如漂洗酵母水、洗瓶水、生产装置清洗水等，这类可具体分为含碱废水（废水 1）和不含碱废水（废水 2），如糊化锅和糖化锅使用后每次均用高压水枪冲洗产生的是不含碱废水，每 16 锅用氢氧化钠碱液（循环使用）浸泡清洗一次产生的是含碱废水，清洗糖化锅产生的废水 COD_{cr} 高达 10000 mg/L；③含渣废水如麦糟液、冷热凝固物、剩余酵母等，这类废水含有大量有机悬浮性固体。本企业啤酒废水处理工艺如图 1-11 所示。

2. 进水

进水由糖化水、冷却水、清洗废水、发酵废水、办公区生活污水混合。进水混合后的水量为 1500~4000 m^3/d，COD_{Cr} 为 1000~2500 mg/L，BOD_5 为 600~1500 mg/L，SS 为 300~450 mg/L，pH 值为 9~10。混合口位于污水站最东边的水沟内，自流通过格栅。

3. 格栅、酸度调节池

格栅（图 1-12）采用间歇式运行，每 10 min 工作 2 min，可去除大的玻璃渣和商标纸，格栅出水进入调节池。虽然酿酒产生的废水为酸性，但是生产过程中清洗使用的是碱液，混合后废水整体呈碱性。厌氧处理对废水的 pH 值要求为 7~8，需用盐酸调节废水酸度。盐酸罐位于调节池东面，加酸管位于格栅的后面，为间歇式运行，每 2 h 人工测量一次废水酸度，动态调节加酸量。

调节池有效容积 500 m^3，为 3 段折流布局，内设曝气装置。目的：①搅拌水体，使酸和废水充分混合；②调节池没有设置初沉池，曝气可防止固渣在调节池内沉淀，避免池容减少。

调节池旁边设有风机房，有一台罗茨鼓风机和两台多级离心鼓风机。罗茨鼓风机用于给调节池曝气。多级离心鼓风机用于后段的好氧曝气。

4. 中间水池

调节池的污水通过 3 台立式离心水泵（风机房外侧）提升被输送到中间水池。进入中间水池前，污水先通过滚筒滤网（图 1-13）去除固体颗粒物（≥1 mm）。滚筒内部配有反冲洗装置冲洗滤渣，滤渣进入固液分离器，从其底部排出，定期外运。

中间水池还是污水进入厌氧反应器前的缓冲池和循环水池。其作用有两点：①用抽水泵二次提升污水水位，以满足厌氧反应的水力学要求；②为保证厌氧反应塔内颗粒污泥良好的悬浮状态和正常反应温度（35~38 ℃），对进水进行冷却降温后，再进入中间水池。

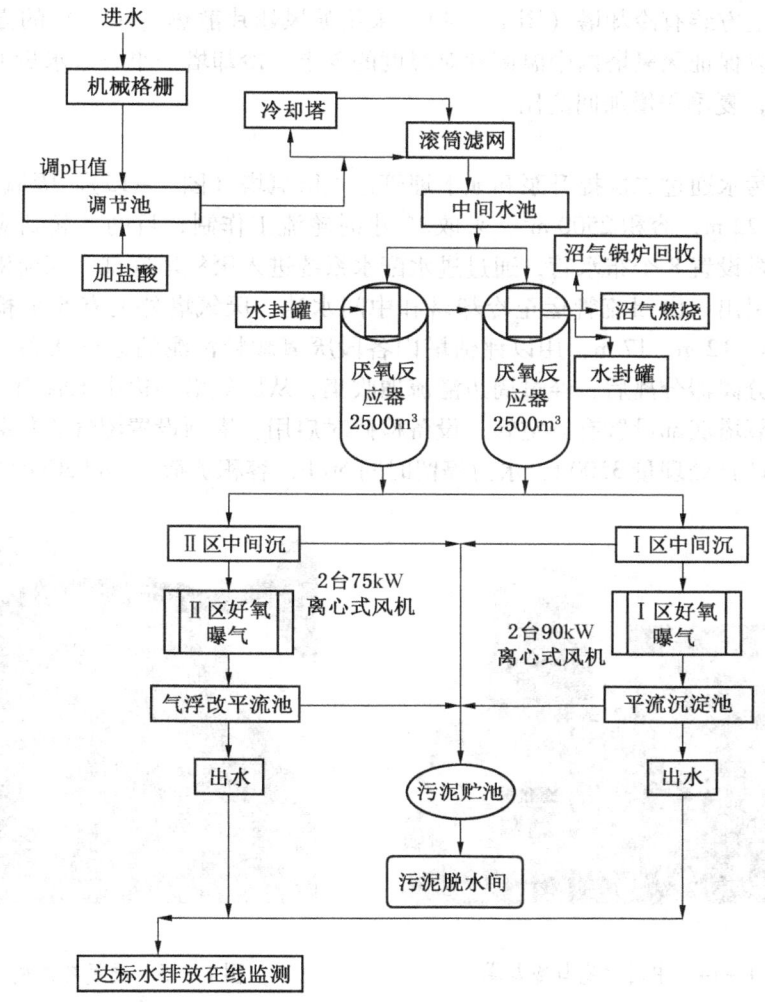

图1-11 污水处理工艺流程

图1-12 格栅

图1-13 滚筒滤网

中间水池上方装有冷却塔（图1-14），采用鼓风翅片散热（风冷）的方式对进水进行冷却降温，以保证厌氧塔内中温菌种对温度的要求。冷却塔一小时进水量180 m³，回流量80~120 m³，夏季需增加回流比。

5. 厌氧塔

中间水池污水通过二次提升泵和地下埋管进入厌氧塔（图1-15）。厌氧塔共有2个，直径12 m，高22 m，容积2500 m³，采取12小时轮流工作制，目的是起到应急替换的作用。每个厌氧塔设置8个布水管，通过进水配水系统进入厌氧塔底部。回流液从第二个三相分离器上方引出，由回流管运至冷却塔和中间水池。厌氧塔外上有5个检测口，对应2 m、4 m、7 m、12 m、17 m，用以评估塔内各段厌氧颗粒污泥的运行状态。污水经过厌氧塔两层三相分离器分离后，经过周边溢流堰收集，从厌氧塔侧边出水管引入地下再进入好氧工段。厌氧塔底部设置有排空管，设备检修时启用。塔顶设置沼气收集装置和燃烧火炬。厌氧塔设计日处理量3500 t，水力停留时间50 h，容积负荷6~8 kgCOD/(m³·d)。

图1-14 中间水池与冷却塔

图1-15 厌氧塔外观图

厌氧塔又称上流式厌氧污泥床反应器，简称UASB。整个反应器主体可分为3个区域：混合区、反应区和气、液、固三相分离区。该厌氧塔设计了二级三相分离器（简称IC反应器），可有效减少出水中的悬浮颗粒污泥量，减少厌氧塔中活性污泥的流失，降低后续好氧处理的污泥负荷。厌氧塔结构如图1-16所示。

（1）布水器。布水器（图1-17）设在反应器的底部，其功能主要有两个方面：①将废水均匀地分配到整个反应器的底部；②具有一定的水力搅拌作用，保证UASB反应器高效运行。

反应区是UASB反应器中生化反应发生的主要场所，又分为污泥床和污泥悬浮区，其中的污泥床区主要集中了大部分高活性的颗粒污泥，是有机物的主要降解场所；而污泥悬浮区则是絮状污泥集中的区域。

（2）污泥床。其位于整个UASB反应器的底部。污泥床内具有很高的污泥生物量，其污泥浓度（MLSS）一般为40~80 g/L。污泥床的容积一般占整个UASB反应器容积的30%左右，但它对UASB反应器的整体处理效率起着极为重要的作用，对反应器中有机物

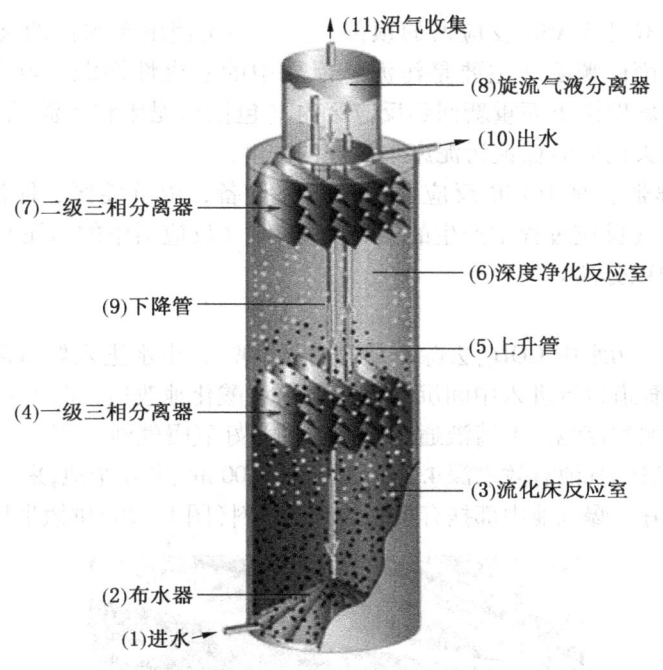

图1-16 厌氧塔结构图

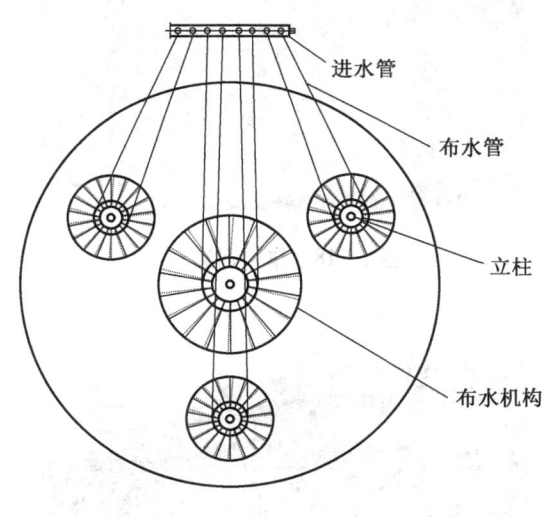

图1-17 布水器

的降解量占到整个反应器全部降解的70%~90%。

（3）污泥悬浮层。其位于污泥床的上部，占整个UASB反应器容积的70%左右。其中的污泥浓度要低于污泥床，通常为15~30 g/L，由高度絮凝的污泥组成，一般为非颗粒状污泥。其沉降速度要明显小于颗粒污泥的沉降速度，污泥容积指数一般在30~40 mL/g，靠来自污泥床中上升的气泡使此层污泥得到良好的混合。

（4）沉淀区。位于 UASB 反应器的顶部，其作用是使由于水流的夹带作用而随上升水流进入出水区的固体颗粒（主要是污泥悬浮层中的絮凝性污泥）在沉淀区沉淀下来，并沿沉淀区底部的斜壁滑下而重新回到反应区内（包括污泥床和污泥悬浮层），以保证反应器中污泥不致流失而同时保证污泥床中污泥的浓度。

（5）三相分离器。是 UASB 反应器中的重要设备，由沉淀区、回流缝和气室组成。主要作用是将气体（反应过程中产生的沼气）、固体（反应器中的污泥）和液体（被处理的废水）等三相加以分离。

6. 好氧区

通过厌氧处理，污水中 COD_{Cr} 去除率最高可达 90%，出水进入好氧区处理。厌氧处理后，污水通过地下管道自流进入中间沉淀池（原水解酸化池改造，图 1-18），厌氧污泥从池底部排出进入污泥贮存池，上清液通过出水堰进入好氧曝气池（图 1-19）。好氧处理采用生物挂膜法。好氧曝气池有效水深 4.5 m，总容积 2500 m^3，共 6 个池，采用串联-折流形式，好氧池水质逐级变好。曝气池中部挂有很多的软硬填料（图 1-20）供微生物附着生长。

图 1-18 中间沉淀池

图 1-19 好氧曝气池

好氧曝气池采用多级离心风机鼓风曝气，加压空气通过分支管路进入池底部的曝气头，一个接触氧化池有150个曝气头。好氧风机用电是污水站的主要能耗，一般采用夜间满负荷-白天半负荷运行模式。好氧池出水进入平流式沉淀池（二沉池），好氧污泥在底部污泥斗收集，通过管道进入污泥贮存池。上清液通过齿形溢流堰收集，流向厂区出水监测口。

二沉池下方有一个菌种暂存池，用于好氧曝气池检修（每年一次）时，预留部分填料上冲刷下的活性污泥，检修后再打入好氧池作为生物挂膜的菌种。好氧池检修需更换部分失效的曝气头和软硬填料。

7. 出水

处理过的废水COD为20~40 mg/L，氨氮0.2 mg/L，总磷0.31 mg/L，总氮10.61 mg/L。出水达到《啤酒工业污染物排放标准》（GB 19821—2005）的排放要求：$COD_{cr} \leq 80$ mg/L，$BOD_5 \leq 20$ mg/L，$SS \leq 70$ mg/L，

图1-20 好氧池中软硬填料

pH 6~9。大部分出水流入下游月山镇污水处理厂；少部分作为企业中水，回用于喷淋、除尘、道路清洗和冲洗厕所。

 提问：查阅网络资料《环境部收到青岛啤酒感谢信：新标准为企业绿色复苏释放政策红利》https://baijiahao.baidu.com/s?id=1689835167328197170&wfr=spider&for=pc，谈谈对啤酒废水排放新标准的理解。

1.3 路线三：污水站泥气线

1. 污水站污泥处理系统

污水处理厂的污泥，主要指活性污泥。活性污泥是微生物群体及它们所依附的有机物质和无机物质的总称。微生物群体主要包括细菌、原生动物和藻类等。其中，细菌和原生动物是主要的两大类。细菌的生长繁殖使得污泥也就越来越多。同时由于污泥中的微生物不断地消耗着废水中的有机物质，被消耗的有机物质中，一部分有机物质被氧化以提供微生物生命活动所需的能量，另一部分有机物质则被微生物利用以合成新的细胞体，从而使微生物繁衍增殖；微生物在新陈代谢的同时，又有一部分老的微生物死亡，故产生了污泥。

污水处理工艺中的产污环节如图1-21所示。

中间沉淀池排放的厌氧污泥（15%）和二沉池排放的好氧污泥（85%）通过污泥处理系统进行稳定化浓缩处理。流程是：污泥（含水率99%）→地面污泥管道→污泥贮存池→污泥提升泵→带式浓缩压滤机→污泥斗→浓缩污泥（含水率60%左右）→污泥外运填埋。污泥浓缩压滤前需加入絮凝剂（阳离子型聚丙烯酰胺），以改善污泥脱水性能。絮凝剂需人工加入药剂槽，搅拌成2‰~5‰的溶液，打入污泥管道与污泥混合。絮凝剂消耗量为1.0~2.5 kg/h。

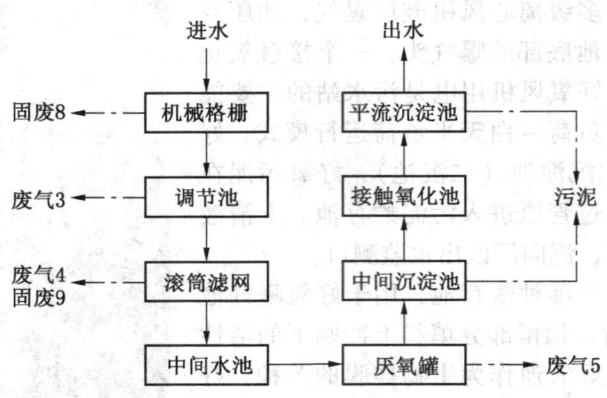

图1-21 污水处理工艺中的产污环节

2. 带式浓缩压滤机工作原理

带式压滤机构造如图1-22所示。

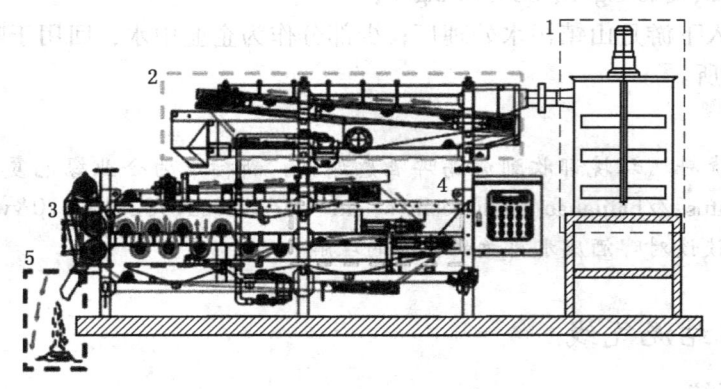

1—化学预处理脱水段；2—重力浓缩脱水段；3—楔形区预压脱水段；
4—挤压辊高压脱水段；5—物料排出段

图1-22 带式压滤机构造图

彩图

压滤机通过履带之间的张紧力作用，以履带为过滤介质，以正压力作用过滤掉污泥中的水。污泥进入履带依次经过化学脱水区、重力脱水区、楔形脱水区和高压脱水区，最后通过刮板进入污泥斗。分离后的履带经过反冲洗后循环使用，污泥压滤水和反冲洗水通过管道回到二沉池循环。

3. 啤酒生产与包装过程中固废的处理处置

（1）固废1是类种皮物质。粉碎后的麦芽，经过振动筛过滤后，留下部分类种皮物质和固废2合并处置。

（2）固废2是麦糟（又称啤酒糟或酒糟）。糖化结束后，将糖化醪液进行固液分离，经板框压滤机压滤后的固体部分称为"麦糟"。麦糟包含残留的皮壳、高分子蛋白质、纤维素、脂肪等，具有很高的营养价值，是啤酒生产过程中数量最多的副产品，大约占啤酒总生产量的四分之一，暂存于麦糟槽，最终外运送养牛场处理后作为饲料使用。

（3）固废3是酵母菌。煮沸酿造好的啤酒用管道输送到发酵罐，发酵罐中要加入酵母来进行15天的发酵，发酵成熟的啤酒经过速冷过滤产生酵母菌废渣，剩余酵母菌经过蒸汽加热干燥干化，最后被饲料厂承包用于养殖。

（4）固废4是卸箱时产的破旧箱体。破旧的啤酒箱被收集起来，定期被造纸厂资源回收。

（5）固废5和固废7是废商标和标签废纸，数量偏少，处置同办公区生活垃圾。

（6）固废6是验瓶和灌溉过程中产生的玻璃废渣。在验瓶过程中，不合格的瓶体会被验瓶机挑选出来，旁边的工作人员会重新审核酒瓶的质量，未洗干净的或瓶底有异物的返回洗瓶机进行重洗，检查有破损的酒瓶会被直接打碎。这些玻璃碎渣被玻璃厂回收资源化利用。

（7）固废8是啤酒废水经过格栅时被格栅阻拦的废弃物固体，大多数为包装车间掉落下来的标签废纸，以及清洗糊化锅、糖化锅从壁面上掉落下来麦芽废渣。处理同固废5。

（8）固废9是滚筒滤网过滤出来的废渣。污水通过滚筒滤网能过滤直径≥1 mm的固体废物，主要是细小的麦芽麦粒，防止这些小麦粒等堵塞水泵管道。最终处置和压滤后的活性污泥相同。

4. 废气处理工艺

（1）废气1是麦芽粉碎时的粉尘。粉碎间上方安装有除尘器用来收集粉碎过程产生的粉尘。

（2）废气2是发酵过程中产生的废气CO_2。提纯后用于啤酒生产过程CO_2备压、稀释水的制备。

（3）废气3是调节池中产生的臭气。调节池臭气严重，为了防止其弥漫到环境中，对其进行反吊膜覆盖并采用微生物氧化除臭工艺。将调节池内的臭气收集后，在适宜的条件下通过装满生物固体载体（竹炭）的生物滤箱（图1-23），主要去除臭气中的氨、硫化氢、挥发性有机物等。废气先被填料吸附分离，然后被填料的微生物分解。处理条件包括适宜的湿度、pH值、氧含量、温度和营养成分等。

（4）废气4是滚筒格栅产生的臭气。滚筒格栅在过滤废水时，可以闻到恶臭的气体，因为滚筒格栅相当于露天的，会导致臭味弥散。该厂在此环节没有除臭设施或隔离措施（后期优化）。

（5）废气5是沼气。污水在厌氧处理的同时产生沼气，主要成分是甲烷。厌氧塔中处理1 kgCOD，产生0.31~0.35 m^3的沼气。沼气在厌氧塔顶部收集，经管道输送到沼气处理间（图1-24），进行干燥、除杂（氧化铁除去H_2S和氨气），然后进入沼气锅炉燃烧。本企业沼气锅炉功率为1吨蒸汽/h。夏季为啤酒生产季，沼气产生量大，沼气产生量可供沼气锅炉正常运行，多余沼气通过放空火炬燃烧。冬季为啤酒非生产季，沼气产生量小，沼气储存于储气罐，沼气锅炉间歇运行或直接火炬燃烧排放。

5. 噪声控制工程

（1）噪声1为粉碎振动机械噪声。位于糖化车间楼上，楼层隔离可减小噪声影响。

　　图1-23　生物滤箱　　　　　　　　　图1-24　沼气处理间

　　（2）噪声2是洗瓶机和验瓶机发出的噪声。该噪声产生于包装车间，啤酒厂用隔离法定方式降噪，将整个包装车间用玻璃墙进行隔离，阻隔了噪音向外传播。

　　（3）噪声3是污水处理站的风机房产生的噪声。可采用声源削减、传播途径控制和接受者防护的措施减小噪声危害。选择优质磁悬浮风级替代罗茨风机，可降低噪声源等级；采用消声、隔声、隔振和包覆等工程措施可控制噪声的传播途径。

2 热 电 厂

1. 简介

焦作市高新热力有限责任公司是一家以投资经营城市集中供热为主营业务的民营企业。公司现有 2 台蒸发量为 75 t/h 的循环流化床锅炉、1 个现代化封闭储煤场、1 台三级静电除尘器、2 台袋式除尘器、1 套炉内喷钙脱硫设施、1 套半干法脱硫设施、1 套湿式脱硫塔、1 台雾电除尘器、1 套 SCR 脱硝反应器、1 套 SNCR 喷氨脱硝反应器、1 座 100 m 高空烟囱、1 座制水设备曝气尘砂池、12 座砂滤塔,有 2 套 110 t/h 反渗透水处理器、2 套 EDI 超纯水设备。公司蒸汽主管网长 8.29 km,覆盖面积达 10 km^2,热水主管网长 9.08 km,覆盖面积达 25 km^2,供高新区用户采暖。

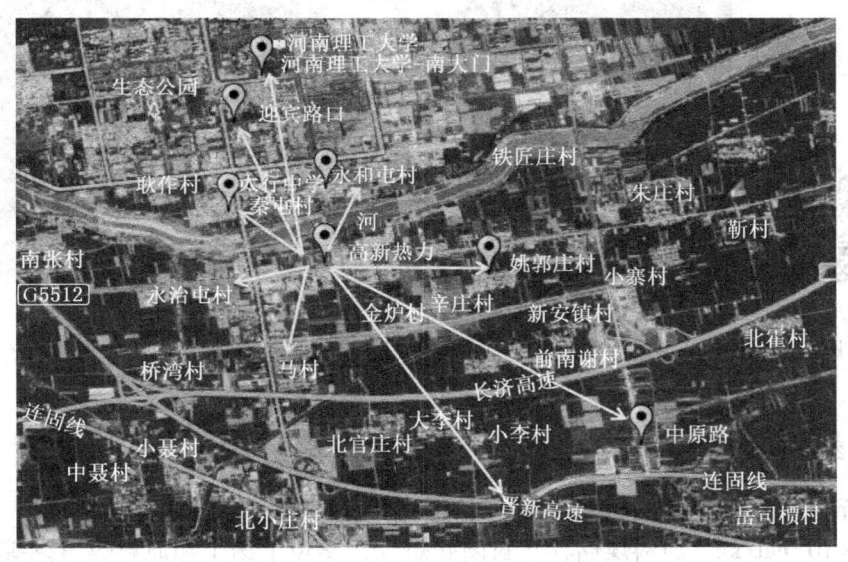

图 2-1 高新热力发电厂卫星图

2. 位置

北面距大沙河河岸湿地工程 250 m,距和屯村 800 m,距河南理工大学南门 2.7 km;东距中原路 3.2 km;东南距姚郭庄村、辛庄村和金炉村分别 1.7 km、1.4 km 和 0.96 km;南临黄河路(位马路),南距共产主义渠(蒋沟河)1.8 km,距晋新高速 1.9 km,距马村 1.2 km;西南距永治屯村 1.1 km;西距迎宾路 0.7 km;西北距秦屯村 0.97 km。发电厂地理位置如图 2-1 所示。

3. 实习的路线与目的

(1)路线一:备煤。路线包括储煤场、破煤机和输煤机械。目的:了解煤炭燃烧前期准备过程。

（2）路线二：锅炉。路线包括1、2号锅炉、凉水塔、发电机房和锅炉中控楼。目的：了解煤炭燃烧过程中能量转化和交换的路径、气体和固体颗粒转化的路径。

（3）路线三：尾气。路线包括除尘、脱硫和脱硝的相关设施、尾气中控楼和烟囱。目的：了解不同尾气治理技术的优缺点。

（4）路线四：化水。路线包括锅炉水制备的相关设备。目的：了解锅炉水制备不同阶段的工艺要求。

实习路线如图2-2所示。

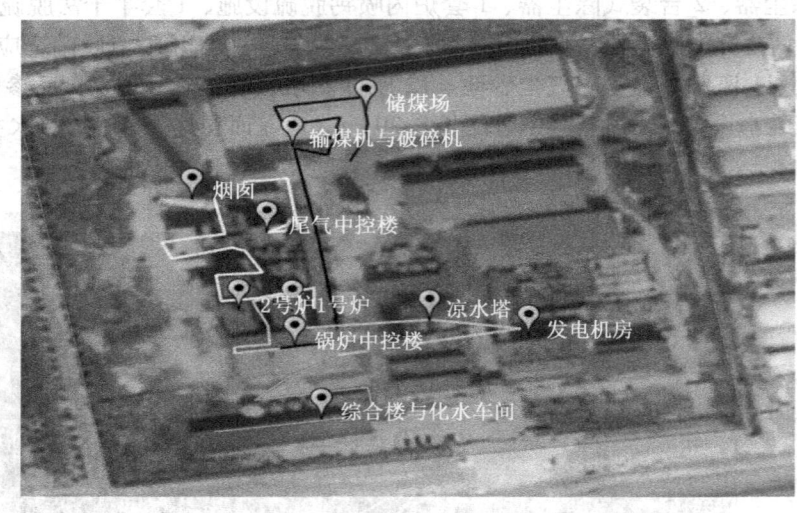

彩图　　　　　　　　　　　图2-2　实习路线图

2.1　路线一：备煤

公司所使用的原煤是来自山西的无烟煤，含硫量在0.5%以下（已洗选），发热量为 $(5.5 \sim 6) \times 10^6$ cal/kg。原料煤储存在封闭式煤仓，避免了扬尘和原料煤自燃等对周边环境的影响。仓内有铲车、行吊、抓斗、地漏进料口、辊式破碎机、筛选机、3台输煤机等设施。注：无烟煤是煤化程度最大的煤，固定含碳量高，挥发分少，燃烧时火焰短、无烟。焦作市的无烟煤质量更好，主要用于工业金属冶炼，发热量为 $(7 \sim 8) \times 10^6$ cal/kg，火焰为蓝色。

首先利用铲车混匀煤堆，将其聚成一堆运输到进料口附近；然后控制行吊，通过抓斗（每次大约5 t）将东侧的原料煤堆抓到地漏进料口，通过输煤机1（坡度0.45，多齿，且参差不齐防止泄漏）提至3楼，再由振动筛和辊式破碎机（图2-3）进行筛选和破碎（粒径15 mm，大于15 mm的煤块会被再次破碎）。在这一环节，煤炭粉末会飘散在空气中造成污染，因此设置一个捕尘器避免煤尘污染环境。

之后，输煤机2（坡度0.2）将煤送往锅炉上方的输煤机3。输煤机3水平设置皮带及截留装置控制进煤量，通过分流口进入3个料仓内（高28 m）。输煤机3周围会有一些煤堆，以便在停电时可以人工供煤。输煤机2、3连接处设置捕尘器如图2-4所示。

图2-3 辊式破碎机

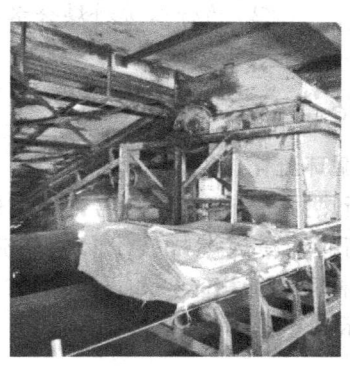

图2-4 输煤机2、3连接处

料仓总容量100 t，当剩余煤量低于50 t时，需要进煤，每天进煤4~5次。该锅炉日均耗煤量260~270 t，最大耗煤量330 t。料仓内有喷水装置，防止扬尘与煤粉自燃，同时控制进料煤含水率在一定范围内。

每个料仓下方有3个分料斗，通过衡器（利用力的杠杆平衡原理测定物体的质量）将原煤匀速卸到3条传送带上，再通过皮带输送到锅炉内中下部燃烧（3个进料口可防止进口堵塞引起锅炉缺煤，确保锅炉内均匀受煤）。每条传送带的最大负荷量为120 t/天。锅炉进煤的含水量在10%以下（传送带起始端设置有警报器和摄像头监测）。当原料含水率较大导致不落煤时（堵塞），总控室的监控会响起警报，可通过振动泵将分料斗的煤抖落。1号锅炉输煤皮带边缘为褶皱状，传送带末端为电机，带动传送带运行工作。2号锅炉输煤皮带为全封闭，通过窥视孔可查看皮带运行状态。输煤皮带如图2-5所示。

(a) 1号炉输煤皮带

(b) 2号炉输煤皮带

图2-5 输煤皮带

 提问：1. 输煤皮带的边缘为什么为褶皱状？
2. 为什么进料煤含水率需控制在一定范围内？

2.2 路线二：锅炉

2.2.1 循环流化床锅炉

高新热力一号锅炉、二号锅炉均采用循环流化床锅炉。循环流化床锅炉技术是工业化程度最高的洁净煤燃烧技术。循环流化床锅炉采用流化态燃烧，主要结构包括燃烧室（包括密相区和稀相区）和循环回炉（包括高温气固分离器和返料系统）两大部分，如图2-6所示。

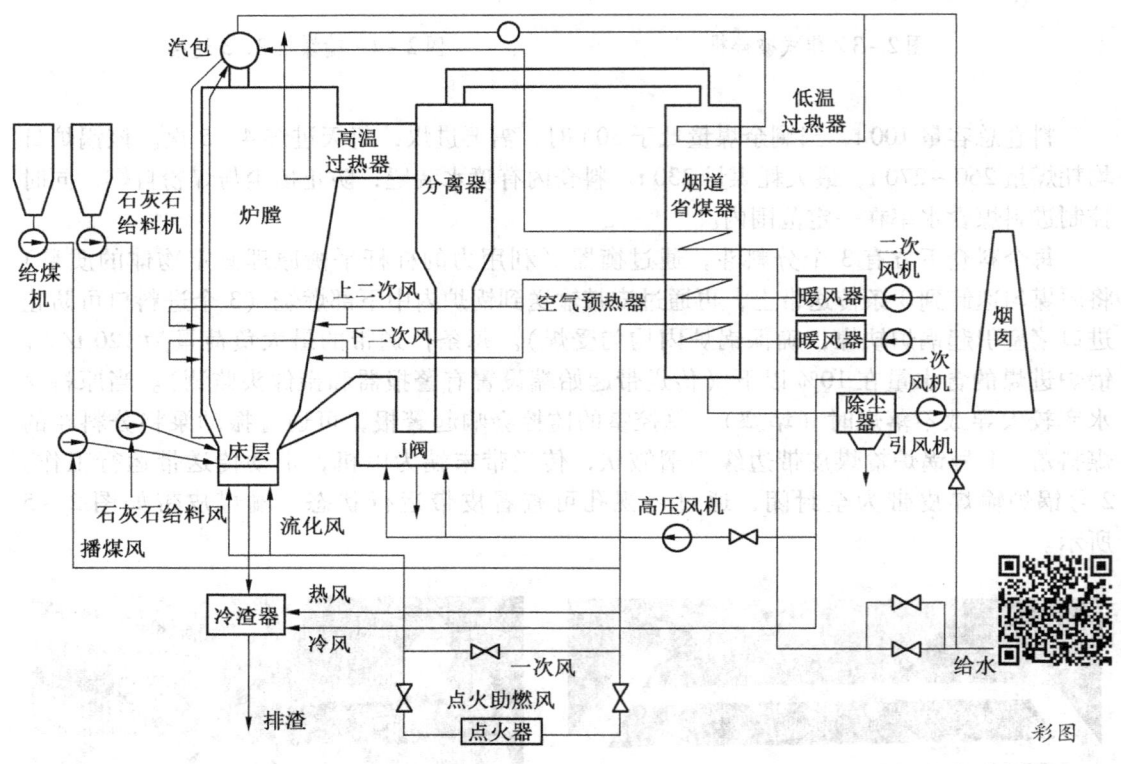

图2-6 循环流化床锅炉系统图

2.2.2 锅炉燃烧工作过程

系统由燃烧系统和汽水系统组成。燃料在锅炉的燃烧系统中完成燃烧过程，燃烧过程中通过一、二次鼓风（一次风流化，二次风补氧，一次/二次风量比例约为6∶4）使燃烧更加充分，在锅炉内燃料燃烧将化学能转变为烟气的热能，通过4~5次热交换传递给锅炉里的水，生成热水和蒸汽。其他辅助风有播煤风、回料风、石灰石输送风和炉渣冷却风。锅炉底部风室气体温度达到130℃，通过泡罩型风帽进入流化室密相区。

在燃煤循环流化床锅炉的燃烧系统中，燃料煤首先由给煤机经给煤口送入循环流化床密相区进行燃烧，其中许多细颗粒物料将进入稀相区继续燃烧，并有部分随烟气飞出炉膛。飞出炉膛的大部分细颗粒经过旋风分离返料器送回炉膛，参与二次燃烧。燃烧过程中产生的大量高温烟气，流经高温过热器、低温过热器、省煤器、一次空气预热器和二次空气预热器（图2-7）使烟气温度冷却下来，再通过除尘器进行除尘，最后由引风机排至烟囱，进入大气。

图2-7 空气预热器

锅炉外侧的多条横或竖状的蓝色管道为进气管，从不同方位输入空气，助燃。灰色管道为脱硫剂（石灰石 $CaCO_3$）输送管，将脱硫剂输送入锅炉，在炉内发生化学反应。脱硫剂（石灰石干粉状）储存在蓝色料斗内，料斗下部可看到两个控制进料量的装置。脱除的硫进入粉煤灰中。锅炉燃烧产生的炉渣经过滤下部冷渣机后排出，经2台带式输送机送到炉渣料仓（图2-8）。炉渣定期由罐车运送到水泥厂，日产生量10~15 t，是耗煤量的5%~8%。

2.2.3 锅炉蒸汽形成过程

化水车间除盐水箱来水通过输水管（银色竖管，图2-9）进入锅炉。输水管的起始端有一台流量计（2楼），控制锅炉用水量，额定：75 t/h，夏季：50 t/h，冬季采暖期：80 t/h（锅炉1）。水经过流量计后需加阻垢剂（磷酸氢二铵或者磷酸三钠，除去剩余二价阳离子）。

图2-8 炉渣料仓

图2-9 输水管

锅炉水首先进入锅炉底部的管式灰渣冷却器（冷渣机，图2-10），通过热交换将水升温到60~70 ℃，接着进入除氧器（102 ℃）脱氧，再进入省煤器（蛇形管换热器），对烟气中的热量进行热交换，使水温升到200 ℃左右（小于2.5 MPa），后经下降管进入水冷壁。燃料燃烧所产生的热量在炉膛内由水冷壁吸收，用以加热水生成汽水混合物。汽水混合物进入汽包，在汽包内进行3次汽水分离（一次汽水分离是经过旋风分离器，二次汽水分离是经过波形板分离器，三次汽水分离是经过蒸汽清洗）。分离出的水进入下降管继续参与水循环加热，使分离的饱和蒸汽达到外售质量标准（3.6 MPa，240~250 ℃）。部分饱和蒸汽用于供暖以及工业用气，另一部分饱和蒸汽进入高温再热器继续加热变成过热蒸汽（420 ℃），通过主蒸汽管道进入汽轮机（图2-11）做功发电。蒸汽膨胀做功，使热能转化成叶轮旋转的机械能，叶轮带动转子切割磁力线，又使机械能转化为电能。从汽轮机中排出的做完功的蒸汽称为乏气，经过水冷塔（图2-12）冷却后转变为水，再次进入锅炉低温过热器水冷壁循环加热。

图2-10 冷渣机　　　　　　　　　　　图2-11 汽轮机

图2-12 水冷塔

汽包需要定期排污（8 h/次），以排除锅炉水生成蒸汽后残留的除垢剂（磷酸三钠和磷酸氢二钠）及衍生物。汽包每日排放污水8~10 t进入排污管网（建议资源化利用）。

 提问：循环流化床锅炉可以进行哪些节能改造？

2.3 路线三：尾气

2.3.1 尾气处理

尾气处理的目的是除尘、脱硫和脱硝，使烟气中颗粒物浓度低于 10 mg/m³（超低排放低于 5 mg/m³），SO_2 和 NO_x 浓度分别低于 35 mg/m³ 和 50 mg/m³。[根据《火电厂大气污染物排放标准》(GB 13223—2011)]。

尾气除尘工艺在本企业包括旋风分离返料器、静电除尘器、袋式除尘器、湿式除尘器和雾电除尘器。尾气脱硫工艺在本企业包括炉内喷钙脱硫、半干法脱硫、湿法脱硫。尾气脱硝工艺在本企业包括调控二次进风、SCR 和 SNCR 技术。

一号炉的尾气处理工艺流程如图 2-13 所示：

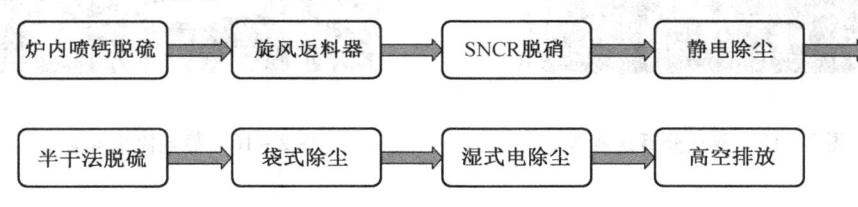

图 2-13 一号炉尾气处理工艺流程

二号炉的尾气处理工艺流程如图 2-14 所示：

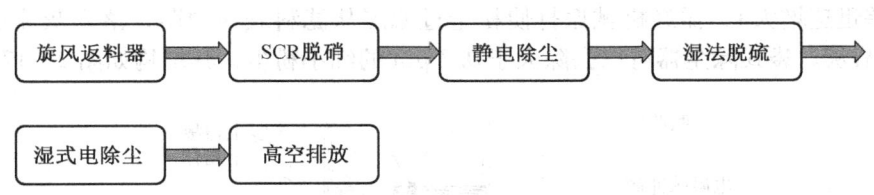

图 2-14 二号炉尾气处理工艺流程

2.3.2 除尘工艺

1. 旋风分离返料器

旋风分离器是循环流化床锅炉的核心部件之一，其主要作用是将大量的高温固体物料从炉膛出口的气流中分离出来，再通过返料装置送回炉膛，以维持燃烧室快速流态化或扰流流态化状态，使燃料和脱硫剂多次循环，反复燃烧并参与反应。烟气中的颗粒物经过旋风分离返料器（图 2-15）可消除 50 μm 以上的颗粒。

2. 静电除尘装置

静电除尘装置（图 2-16）处于循环流化床锅炉与二氧化硫吸收塔之间。静电除尘器工作原理是：含尘气体在通过高压电场进行电离的过程中，使尘粒荷电，并在电场力的作用下使尘粒沉积在集尘极上，将尘粒从含尘气体中分离出来电。其原理涉及悬浮粒子荷电，带电粒子在电场内迁移和捕集，以及将捕集物从集尘表面上清除 3 个基本过程。静电除尘器能够去除 5～50 μm 的颗粒。

图 2-15 旋风分离返料器

图 2-16 静电除尘装置

3. 袋式除尘装置

袋式除尘器处于二氧化硫吸收塔与湿式电除尘器之间。其工作原理是：含尘气流从下部孔板进入圆筒形滤袋内，通过滤料孔隙时，粉尘被捕集于滤料上形成过滤层，透过过滤层的清洁气体由排出口排出。沉积在滤料上的粉尘过滤层当厚度增大到影响过滤效率时（过滤压差迅速增大），需经机械振打使粉尘过滤层从滤料表面脱落，落入灰斗中。这个过程称为清灰。袋式除尘器可以去除大于 0.3 μm 的细小粉尘，其结构如图 2-17 所示。

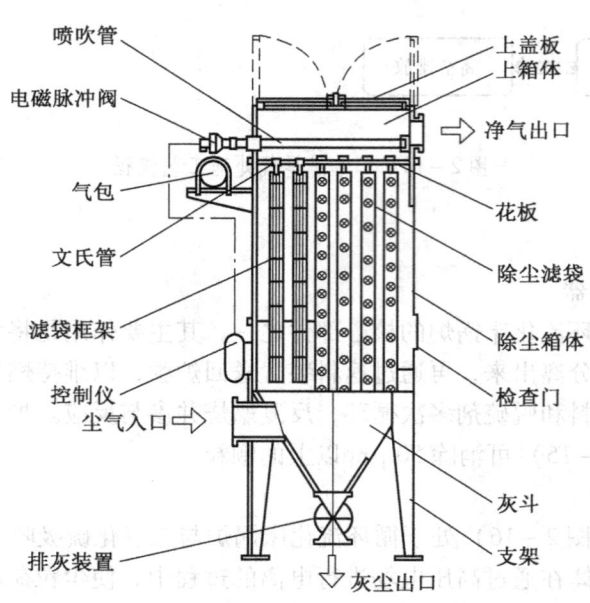
图 2-17 袋式除尘器内部结构图

颗粒因截留、惯性碰撞、静电和扩散等作用，逐渐在滤袋表面形成粉尘层，常称为粉尘初层。初层形成后，成为袋式除尘器的主要过滤层，提高了除尘效率。滤布只不过起着形成粉尘初层和支撑的骨架作用。

静电除尘器和袋式除尘器的下方均布置有集灰斗。集灰斗具有间歇卸料的特点，灰斗内粉煤灰每 8~10 min 被高压气流吹到粉煤灰料仓，最后被罐车定期拉走制砖。企业日均产生粉煤灰 65~70 t。

4. 湿式电除尘器

湿式电除尘器（图 2-18）处于布袋除尘器与烟囱之间，主要作用是尽可能降低烟尘量。湿式电除尘器第一步通过电晕放电，在放电极与收尘极之间施加直流负高压，使电晕极附近的气体电离，生成大量正负离子。第二步为粉尘荷电，含尘气流通过电场空间时，负离子与粉尘碰撞并附在其上，使粉尘荷电。第三步为粉尘捕集，荷电后的粉尘在电场力的作用下向收尘极驱动而被捕集。最后一步为水膜清灰，设置在电场空间上部的喷淋系统，通过雾化喷嘴喷出的水雾在收尘板上形成一层水膜，从而将沉积在收尘板上的粉尘冲洗掉。由于水膜的作用，避免产生二次扬尘，使除尘效率提高。烟气经湿式电除尘器净化后由烟囱排出。烟囱高度为 100 m，高于周围建筑的两倍。湿式电除尘器结构如图 2-19 所示。

图 2-18 湿式电除尘器

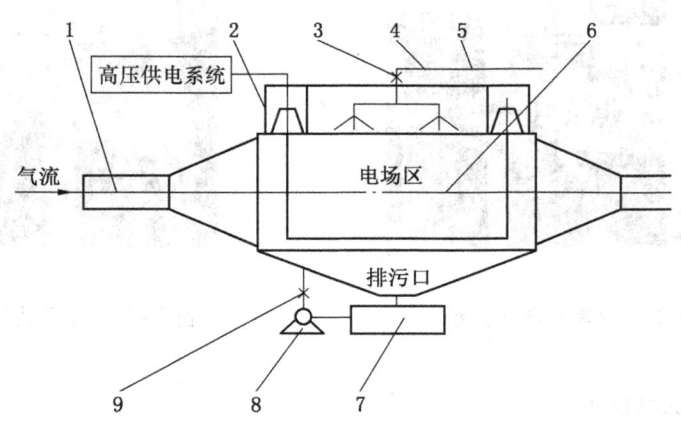

1—管道；2—高压供电系统；3—喷淋雾化系统；4—流量计；5—压力表；
6—级配系统；7—水箱；8—水泵；9—调节阀

图 2-19 湿式电除尘装置示意图

2.3.3 脱硫工艺

炉内喷钙脱硫技术脱硫效率最高，缺点是对锅炉磨损高，也对燃烧热值有影响，增加了粉煤灰产生量；烟气湿法脱硫效率稍低，但吸收碱液需循环再生，设备占地大，固废产生量大，脱硫石膏的资源化利用前景偏差；半干法脱硫技术，脱硫效率较高，成本低，固废产生量小，但对工艺的稳定性要求高，操作管理复杂。

1. 炉内喷钙脱硫技术

炉内喷钙脱硫技术是指在循环流化床锅炉中将石灰石（石灰）等原料粉碎成与煤粉同等的细度，再掺入煤中在炉内同时燃烧。在 800~900 ℃时，石灰石受热分解成 CO_2 及多孔 CaO，CaO 与 SO_2 发生反应生成 $CaSO_4$。

炉内喷钙脱硫给料仓有效容积 120 m^3，由一次风机通过管道（图 2-20）将脱硫剂（有效成分 $CaCO_3$）吹到流化床燃烧室内。烟气中的二氧化硫在脱硫剂表面发生高效化学反应，使炉内脱硫效率高达 96%。

2. 半干法脱硫技术

半干法脱硫技术是指利用烟气热量蒸发浆液中的水分让脱硫剂以湿态加入。在干燥过程中，脱硫剂与烟气中的二氧化硫发生反应，生成干粉状的产物。为了提高脱硫效率，通常采用石灰粉消化制浆作为脱硫剂；若配合使用袋式除尘器可提高 10%~15% 的脱硫效率。半干法烟气脱硫技术主要包括增湿灰循环脱硫技术、旋转喷雾干燥法和气体悬浮吸收法。焦作高新热力公司之前主要采用的是旋转喷雾干燥法。但在实际运行的过程中由于喷雾量较难控制，当喷雾量过大时容易对后续的袋式除尘处理设备造成不利影响，故该工艺已停用。半干法脱硫装置如图 2-21 所示。

图 2-20　脱硫剂输送管道　　　　　　图 2-21　半干法脱硫装置

3. 烟气湿法脱硫技术

湿法脱硫（图 2-22）过程中主要用到的是石灰石-石膏法脱硫技术。湿式除硫的化学反应原理如下。

（1）吸收区的吸收反应：

$$SO_2 + H_2O \longrightarrow H_2SO_3 \longrightarrow H_2SO_3 \longrightarrow H^+ + HSO_3^-$$

（2）部分发生的化学反应：

$$H^+ + HSO_3^- + \frac{1}{2}O_2 \longrightarrow 2H^+ + SO_4^{2-}$$

$$2H^+ + SO_4^{2-} + CaCO_3 + H_2O \longrightarrow CaSO_4 \cdot 2H_2O + CO_2$$

湿式除硫工艺包括石灰制浆、气液逆流吸收（三层喷淋）、亚硫酸氧化、石膏沉淀析出与排放等过程。其中，亚硫酸氧化过程中，反应的氧气来源于烟气中的过剩空气和喷入浆液池的氧化空气，烟气中洗脱的飞灰和石灰石的杂质提供了起催化作用的金属离子，反应过程中通过机械搅拌防止沉淀过早发生。烟气在塔中部进入，石膏从塔底部定期排出。

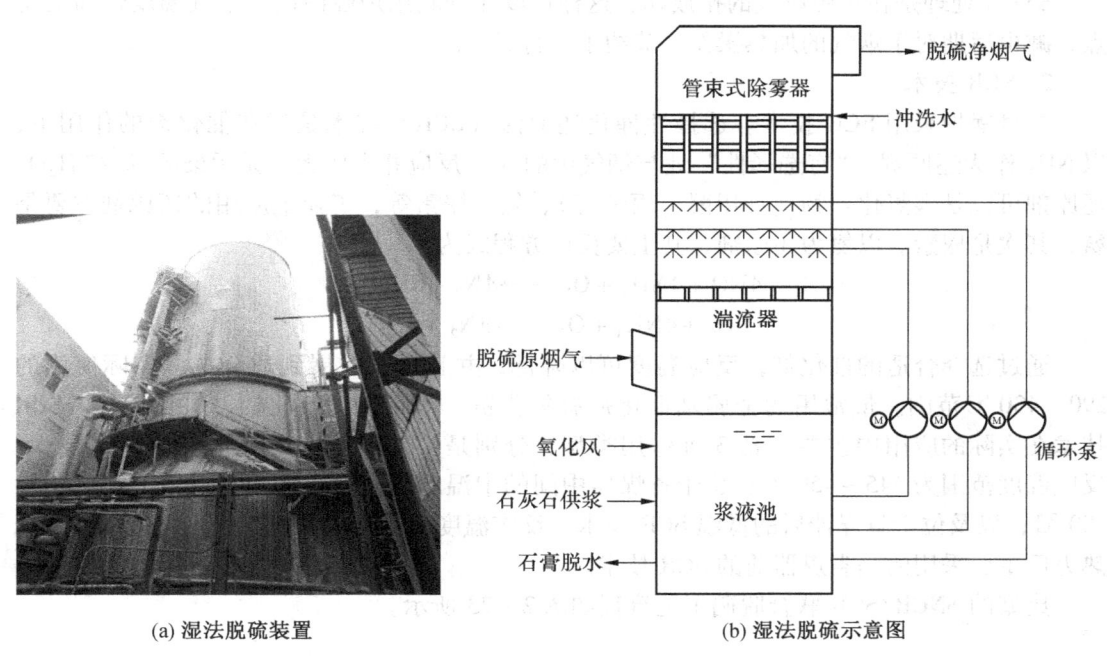

(a) 湿法脱硫装置　　　　　　　　(b) 湿法脱硫示意图

图 2-22　湿法脱硫

2.3.4　脱硝工艺

脱硝工艺主要包括 SNCR 技术和 SCR 技术两种。此外，调控二次鼓风措施，通过降低燃烧炉内的温度以及含氧量也可达到减少氮氧化物产生的目的。

1. SNCR 技术

选择性非催化还原法（SNCR）烟气脱硝技术是目前主要的烟气脱硝技术之一。一号炉采用 SNCR 烟气脱硝技术，在炉膛 850~1000 ℃ 这一狭窄的温度范围内，在无催化剂作用下，NH_3 或尿素等氨基还原剂可选择性地还原烟气中的 NO_x，基本上不与烟气中的 O_2 作用，据此发展了 SNCR 法。在 800~1250 ℃ 范围内，NH_3 或尿素还原 NO_x 的主要反应如下。

$$4NH_3 + 4NO + O_2 \longrightarrow 4N_2 + 6H_2O$$

（1）氨为还原剂：

$$4NH_3 + 2NO + 2O_2 \longrightarrow 3N_2 + 6H_2O$$
$$8NH_3 + 6NO_2 \longrightarrow 7N_2 + 12H_2O$$
$$CO(NH_2)_2 \longrightarrow 2NH_2 + CO$$

（2）尿素为还原剂：

$$NH_2 + NO \longrightarrow N_2 + H_2O$$
$$CO + NO \longrightarrow N_2 + CO_2$$

当温度过高时,部分氨还原剂就会被氧化而生成 NO_x 副反应:
$$4NH_3 + 5O_2 \longrightarrow 4NO + 6H_2O$$

SNCR 处理是在炉膛尾气的排放端,这样可以充分利用炉膛内出口烟气温度较高的特点,减少后期对于烟气的加热操作,节约了运行成本。

2. SCR 技术

二号锅炉采用 SCR 技术。选择性催化还原法(SCR)技术是指在催化剂的作用下,以 NH_3 作为还原剂,"有选择性"地与烟气中的 NO_x 反应并生成无毒无污染的 N_2 和 H_2O。还原剂可以是碳氢化合物(如甲醛、丙烯等)、氨、尿素等,工业上应用的还原剂主要是氨,其次是尿素。以氨为还原剂,其主要反应方程式为
$$4NO + 4NH_3 + O_2 \longrightarrow 4N_2 + 6H_2O$$
$$2NO_2 + 4NH_3 + O_2 \longrightarrow 3N_2 + 6H_2O$$

通过选择合适的催化剂,反应温度可以降低,并且可以扩展到适合电厂实际使用的 290~430 ℃ 范围。最常用的金属基催化剂有氧化钒、氧化钛、氧化铝、氧化钨等。SCR 技术在实际的应用中主要包括 3 种作用类型,分别是:位于省煤器前的高温 SCR 技术,反应温度范围为 345~450 ℃;位于省煤器中间的中温 SCR 技术,反应温度范围为 260~380 ℃;以及位于省煤器后的低温 SCR 技术,反应温度范围为 80~300 ℃。而焦作市高新热力厂主要采用的是省煤器前的 SCR 技术。

典型的 SNCR/SCR 联合脱硝工艺流程如图 2-23 所示。

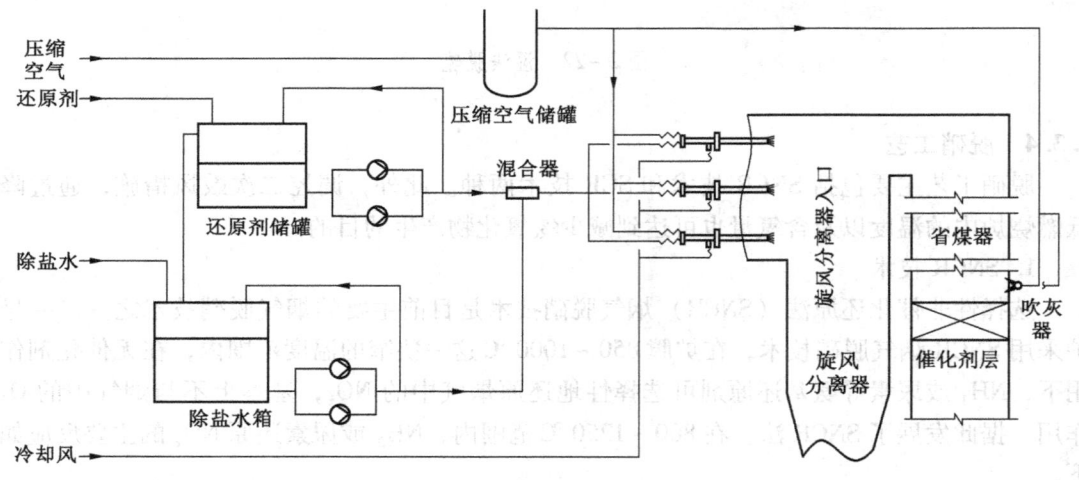

图 2-23 典型循环流化床锅炉 SNCR/SCR 联合脱硝工艺流程

2.4 路线四:化水

化水制水车间的作用是通过对地下水的预处理、软化、深度除盐、加氨防腐等工艺获得锅炉专用的软水。车间外水箱分布如图 2-24 所示。

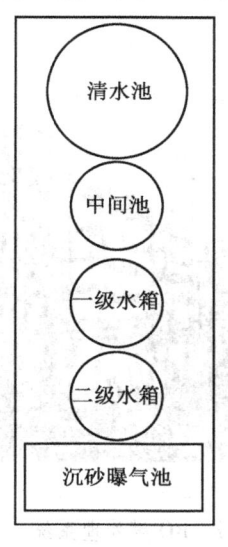 

图 2-24 化水车间外水箱分布图　　图 2-25 多介质过滤器

1. 预处理

预处理是为了去除水中的悬浮物、铁离子余氯（以自来水为原水）和微生物等。

预处理流程：地下水→深井泵提升→沉砂曝气池（将二价铁氧化为三价铁）→锰砂过滤器（去除三价铁，同时也可以去除悬浮颗粒物）→多介质过滤器（石英石、活性炭）。锰砂和多介质过滤器（图2-25）需要定期进行反冲洗。反冲洗水用一级水箱水，由下至上高压冲洗过滤层，然后水直接排放到下水道。过滤器去除颗粒物的原理为深层过滤。锰砂和多介质过滤器都是6个为一组，3台运行，3台备用。

 提问：深层过滤和滤饼过滤的区别？

2. 软化处理

过滤后出水进入中间池，经过高压泵和保安过滤器（图2-26，孔径5 μm），加入阻垢剂，再经过一级反渗透RO膜（图2-27，产水量110 t/h），25%的浆直接排放到下水道（或企业道路降尘用水、煤粉加湿用水），75%的清水进入一级水箱。水箱出水pH = 6.5，EC = 6.8 μs/cm。

一级水箱出水经过二级高压泵、保安过滤器（孔径2 μm），加NaOH提升pH，进入二级反渗透（产水量100 t/h），25%的二级浓水进入中间池再利用，出水进入二级水箱（pH = 7.5~7.8，EC = 2.5 μs/cm）。

保安过滤器内装有过滤孔径为5 μm的滤芯，对后续反渗透膜起到保护作用。

反渗透软化除盐的原理：运用特制的高压水泵，将原水压力加至0.6~2.0 MPa，使原水在压力的作用下渗透过孔径只有0.1 nm的反渗透膜。化学离子和细菌、真菌、病毒体不能通过，随废水排出，只允许直径小于 0.1 nm 的水分子和溶剂通过。反渗透正常需要运行 1 h，反冲洗 3~5 min。

图 2-26　保安过滤器　　　　　图 2-27　RO 膜处理系统

3. 深度除盐

深度除盐流程：二级水箱出水→高压泵→保安过滤器（孔径 2 μm）→EDI 电除盐设备（代替以前的阴阳离子交换床，产生 2%~5% 极水直接排放），出水电导率约为 0.2 μs/cm。

EDI 电除盐原理：EDI 又称连续电除盐技术，它科学地将电渗析技术和离子交换技术融为一体，通过阳、阴离子膜对阳、阴离子的选择透过作用以及离子交换树脂对水中离子的交换作用，在电场的作用下实现水中离子的定向迁移，从而达到水的深度净化除盐（图 2-28），并通过水电解产生的氢离子和氢氧根离子对装填树脂进行连续再生。

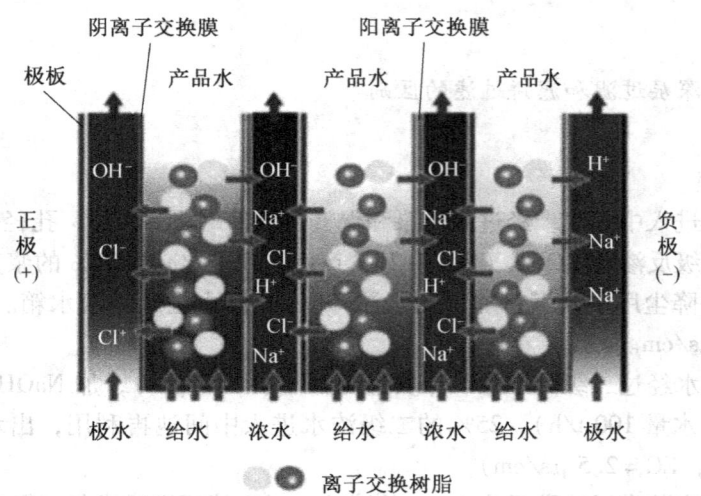

图 2-28　EDI 除盐示意图

4. 加氨防腐

在 EDI 出水中加入 NH_3，调整水的 pH 至 8.5~9.2，以防止锅炉和管道发生酸性腐蚀。水随后进入除盐水箱（清水池）。

3 污水处理厂

1. 简介

康达环保（焦作）水务有限公司位于焦作市丰收东路住郭庄南（图3-1），分为焦作第Ⅰ污水处理厂和焦作第Ⅱ污水处理厂，总设计处理能力为日处理污水25.00万 m^3/d。污水主要来源于新老城区的生活污水，通过管网的方式收集，经过处理后排放到新河，流到下游新乡，属于海河流域。Ⅰ厂建设规模为10万 m^3/d，工程污水处理采用"前置缺氧改良AAO+机械混合絮凝高效沉淀+D型滤池过滤"工艺。Ⅱ厂设计规模为日处理城市污水15万 m^3/d，其中10万 m^3/d 一期工程污水处理工艺采用"改良卡鲁塞尔氧化沟+折板絮凝平流沉淀+D型滤池"的处理工艺，扩建5万 m^3/d 工程污水处理采用"前置缺氧改良AAO+机械絮凝斜管沉淀+D型滤池过滤"工艺。两厂污泥处理均采用"重力浓缩+调理+机械深度脱水"工艺，将污水处理过程中产生的污泥处理成含水率50%以下的泥饼后，外运综合处理。目前厂内设施运行正常稳定，出水水质达到国家一级A排放标准，在改善焦作市水环境质量方面，产生了良好的社会效益、环境效益。

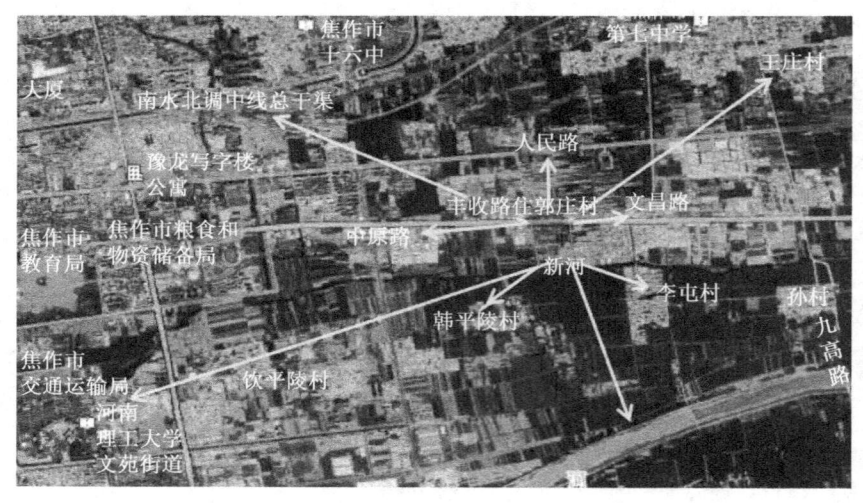

图3-1 污水处理厂位置图

2. 发展历史

焦作第Ⅱ污水处理厂由重庆康达环保产业（集团）有限公司以BOT形式投资建设。2009年9月一期建设日处理规模城市污水10万 m^3/d；2014年7月，实施二期5万 m^3 的扩建工程和污泥深度脱水系统，扩建后Ⅱ厂设计处理能力达到日处理污水15万 m^3/d。焦作第Ⅰ污水处理厂设计规模为日处理城市污水10万 m^3/d，原位于太极体育馆南侧，现搬迁至焦作第Ⅱ污水处理厂所在地南侧。该项目于2014年3月开工建设，2017年8月1日正式商业运行，工艺设施相对较新。

3. 位置

污水处理厂北临丰收路和住郭庄村，距人民路 0.8 km；东北距王庄村 2.9 km；东距文昌路 9.0 km；东南距李屯村 1.2 km；南临新河，南距大沙河 2.6 km；西南距韩平陵村、河南理工大学南校区东门分别为 0.5 km，4.4 km；西距中原路 1.6 km；西北距南水北调中线总干渠 2.5 km，距王安村 2.6 km。

4. 实习路线与目的

（1）路线一：Ⅱ厂区水线。了解城市污水管网收集—进水口—预处理—生物处理—深度处理—出水全过程。

（2）路线二：Ⅰ厂区水线。了解城市污水管网收集—进水口—预处理—生物处理—深度处理—出水全过程。

（3）路线三：Ⅱ厂区污泥—臭气线。整体了解污水处理厂的生产工艺，了解污水处理过程中固废/污泥的产生环节和处理工艺，了解污水处理过程中臭气的产生环节与处理工艺。

（4）路线四：Ⅰ厂区污泥—臭气线，同路线三。

污水处理厂路线如图 3-2 所示。

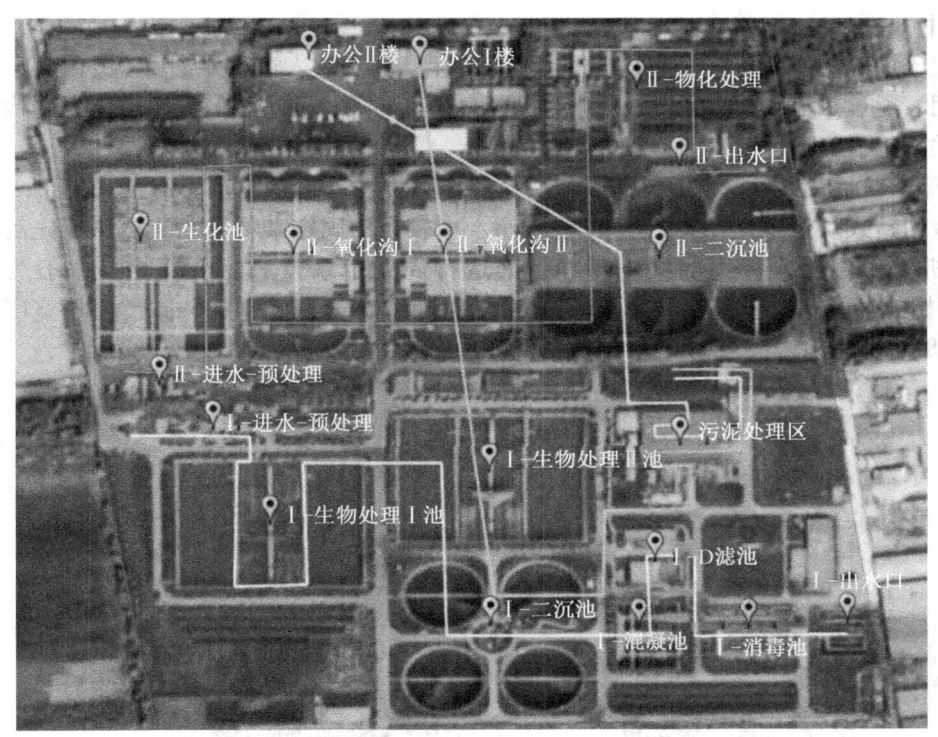

图 3-2 污水处理厂路线图

彩图

3.1 路线一：Ⅱ厂区水线

城市污水处理的整个过程大概分为3个阶段，即预处理阶段、生化处理阶段和深度处理阶段。污水处理工艺流程如图3-3所示：

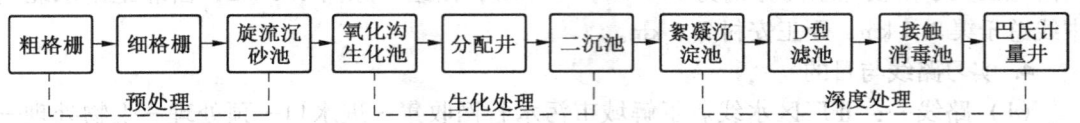

图3-3 污水处理工艺流程图

Ⅱ厂服务范围为高新示范区、中站区和马村区，面积约100 km²，服务人口约100万。进水水质：COD_{Cr} = 210～250 mg/L；BOD_5 = 90～120 mg/L；SS = 200～350 mg/L；NH_4^+—N = 21～33 mg/L；TP = 2.6～5.0 mg/L；pH = 7.5～7.9。

3.1.1 预处理

生活污水进入粗格栅去除水中较大的固体杂物，由提升泵提升至细格栅处去除水中较小的固体杂物，通过沉砂池去除大部分无机沙粒，从而减轻生物处理的负荷。

1. 溢流井

溢流井位于厂区的西南角。通过城市管网收集的生活污水进入溢流井，溢流井起到分配水量的作用，通过水堰闸阀（图3-4）分配Ⅱ厂15万 m³/d，Ⅰ厂10万 m³/d。设备检修时，闸阀关闭。

2. 粗格栅

采用两台回转式粗格栅（图3-5）以拦截污水中较大的固定杂物，栅渣由渣板先刮到带式输送机上，再转入旁边的固料箱内。其运行周期由水量和水质决定，一般为10 min。粗格栅能够去除大于20 mm的漂浮物，栅条间距20 mm，栅宽1.6 mm，栅槽宽度1.5 m，渠深8 m。

图3-4 集水池水堰闸阀　　　　图3-5 回转式粗格栅

3. 污水提升泵

通过污水提升泵（图3-6）将污水一次性提升至一定高度以满足污水生化处理过程中的水头要求，使后续工艺污水处理单元实现自流。该厂采用了德国KSB污水泵起泵自动控制，污水提升泵4台（3用1备），单台流量$Q=1800 \text{ m}^3/\text{h}$，扬程$H=9.5 \text{ m}$。

4. 细格栅

4台回转式细格栅（图3-7）安装在提升泵之后，用来去除较小的固体杂物。栅条间距6 mm，栅条宽度1.5 mm，栅槽宽度1.30 m。细格栅能够对大于6 mm的漂浮物进行二次拦截，有效水深3.4 m。细格栅清除物料通过螺旋输送机进入旁边的固体料箱内。

图3-6 提升泵

图3-7 回转式细格栅

5. 旋流沉沙池

旋流沉砂池（图3-8）的工作过程是：当进水流向发生快速改变时，在重力和离心力的共同作用下，辅助以中部设置的旋流搅拌器和高压空气曝气装置（或无此装置），无机砂粒加速沉降到底部的集沙区（倒钟形）；底部砂粒被吸入气提泵，通过提升管道到达沉砂池侧面的气旋分离器和砂水分离器，砂石通过螺旋输送机进入固料箱内，污水则溢流返回沉砂池；旋流沉砂池出水通过侧面的闸阀和出水堰进入下游的生化池。旋流沉砂池设计尺寸为池深3.6 m+1.9 m，直径4.8 m+1.5 m，共2套设施。

旋流搅拌器起到水力推流的作用。曝气剪切力可促进砂粒相互摩擦，分离砂粒上附着的有机物，有利于取得较为纯净的砂粒，降低沉砂后续处理难度；曝气还可起到污水脱臭、预曝气除油脂和利于后续生化处理的作用。

闸阀起到向下游2个氧化沟和1个生化池分配水量的作用，同时设置水质和水量监测口。监测结果作为污水处理厂原水的依据，也是市政管理部门提供污水处理费用和环保部门监管污水处理效率的依据。

3.1.2 生化处理

生化处理又称生物处理，其原理是通过生物作用，尤其是微生物的作用，完成污水中

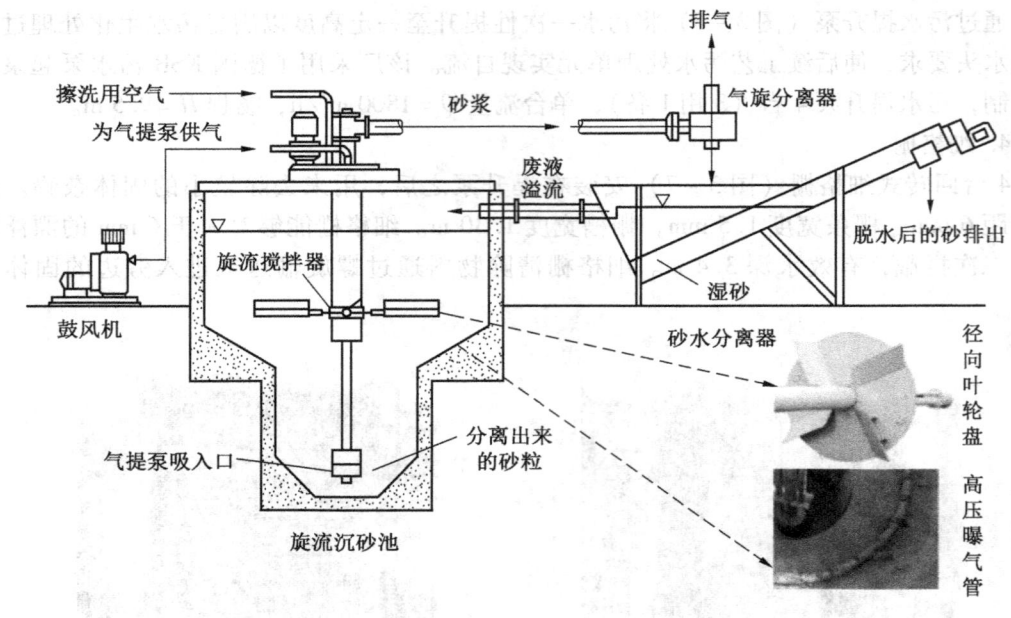

图3-8 旋流沉砂池示意图

有机物的分解和生物体的合成,将有机污染物转变成无害的气体产物(CO_2)、液体产物(H_2O)以及富含微生物的固体产物(微生物群体或称活性污泥)。生化池是微生物作用的主要场所。生化池出水经分配井进入二沉池,实现固液分离。二沉池出水进入深度处理工段,污泥一部分返回生化池称为回流污泥(60%~70%),一部分进入污泥脱水车间称为剩余污泥(30%~40%)。

Ⅱ厂的生化处理部分设有2个氧化沟(图3-9)和1个改良AAO池(缺氧-厌氧-好氧)、2个分配井、6个辐流式沉淀池。设计处理能力为日处理量15万 m^3。

1. 卡鲁塞尔氧化沟

Ⅱ厂一期工程有两个氧化沟,每个设计处理能力为日处理量5万 m^3/d,长宽高分别为110×60×4 m,水力停留时间为11 h,有效容积2.3万 m^3,廊道宽度10.2 m,有效水深3.5 m,平均流速0.3 m/s,污泥龄15 d,污泥浓度4000 mg/L,污泥负荷为0.05 $kgBOD_5/kgSS \cdot d$。

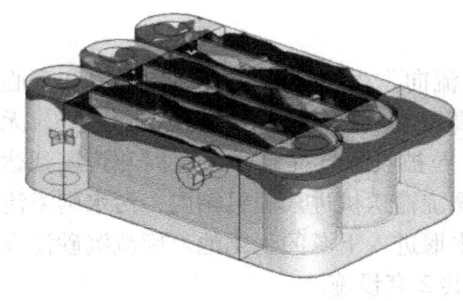

图3-9 氧化沟模型图

氧化沟工艺是活性污泥法的一种变形工艺,属于延时曝气的活性污泥法,是一种首尾相连的循环流曝气沟渠,又称循环曝气池。氧化沟一般由沟体、曝气设备、进出水装置、导流和混合设备组成,沟体的平面形状一般呈椭圆形,沟断面形状多为矩形和梯形。Carrousel氧化沟是一个完全混合曝气池,使用立式表面曝气机混合。曝气机安装在沟的一端,形成靠近曝气机下游的富氧区和上游的缺氧区,有利于生物絮凝,使活性污泥易于沉降。表面曝气机（倒伞型，图3-10）功率为110 kW，兼有供氧和推流搅拌（防止活性污泥沉淀）作用。

如图3-11所示，氧化沟右侧有3个进水口，一个接收二沉池的回流污泥，另外两个接收旋流沉砂池出水。进水廊道中间设置进水挡墙，污水从进水廊道外侧进入氧化沟，在廊道末端折流后混合剩余出水进入下一轮循环处理。此设计增加了缺氧—厌氧段的停留时间，可增加活性污泥的吸附能力和脱氮除磷效率，起到预缺氧池和厌氧池的作用。出水口设置在出水廊道的末端，通过4个闸阀控制出水流量，出水通过地下管道进入分配井。

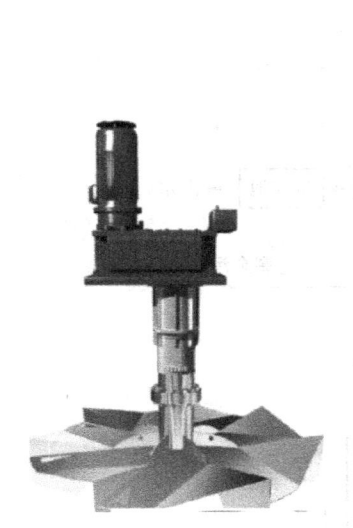

图3-10 表面曝气机

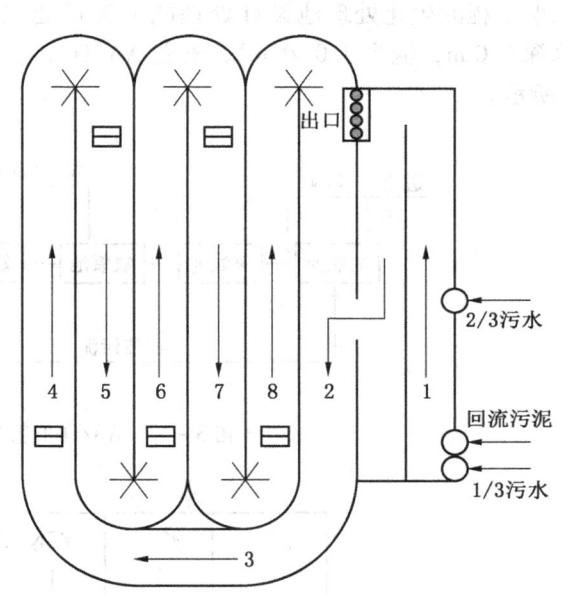

图3-11 氧化沟平面图

在氧化沟内，活性污泥在曝气机的推动下，从上游（靠近曝气机的地方）往下游流动，然后溶解氧浓度沿着氧化沟逐步下降，出现明显的浓度梯度，下游区溶解氧浓度很低（0.5~1 mg/L），属于缺氧状态，主要进行生物的反硝化反应，以去除水中的氮。随着氧化沟继续流动，溶解氧浓度低于0.2 mg/L时达到厌氧状态，此时进行除磷。厌氧反应进行到一定程度后，通过曝气使溶液达到好氧环境进而进行好氧反应，利用微生物氧化分解，使其有机污染物降解，同时完成硝化反应。如此在首尾相连的循环流沟渠内，缺氧—厌氧—好氧作用反复进行，通过5台表面曝气机的优化组合运行控制，达到对污水中有机物、氮和磷的高效去除。氧化沟的好氧与缺氧段的控制由自动控制系统完成，控制系统通过溶解氧测定仪测得的数据信号进而控制曝气机转刷的双速或单速运行，双速时起到推流和曝气的作用，单速时仅起到推流的作用。

在氧化沟内，为了使污泥保持不沉积的流速，减少能量损失，需设置导流板和导流墙。在氧化沟转折处设置导流墙且偏向弯道的内侧，以使较多的水流向内汇集，避免弯道出口靠中心隔墙一侧流速过低，造成回水，引起污泥下沉，使水流平稳转弯并维持一定流速。距转刷之后一定距离内,在水面以下要设置导流板,与水平呈45°~60°倾斜放置,顶部在水面下150~200 mm。导流板的作用是:使表面较高流速转入池底,降低沟内表面和底部的流速差;改善溶解氧浓度和流速在垂直方向上的分布,提高传氧速率。

提问:氧化沟存在哪些缺点?

2. 改良 AA/O 池

二期工程的生化处理池设计处理能力为日处理量5万 m^3/d,水力停留时间为12 h,有效水深6.0 m,池容4.0万 m^3。改良 AA/O 工艺流程如图3-12所示,布局示意如图3-13所示。

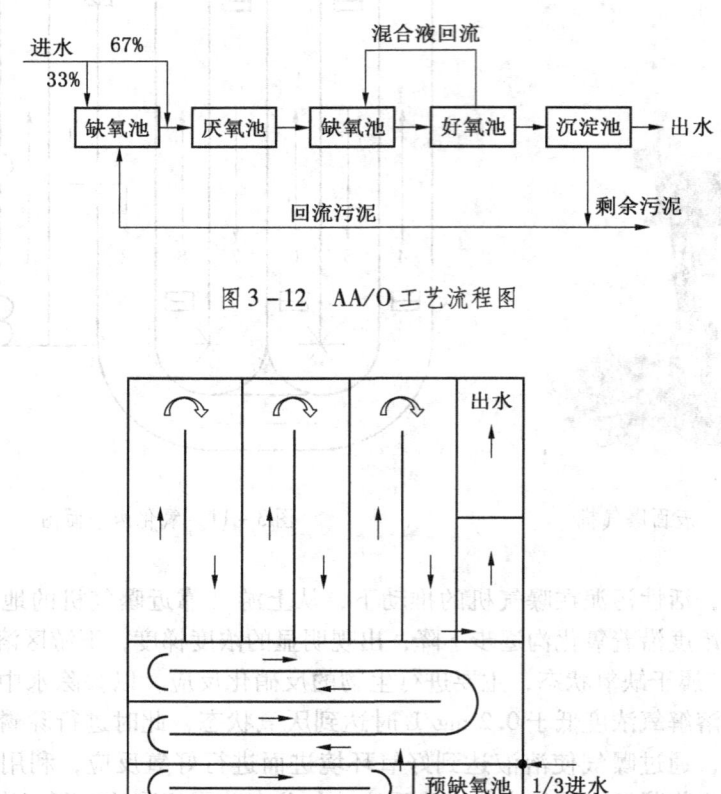

图3-12 AA/O 工艺流程图

图3-13 AA/O 布局示意图

少部分(1/3)旋流沉砂池出水和回流污泥进入预缺氧池,进行反硝化反应(反硝化细菌将 NO_2^-、NO_3^- 还原为氮气)。在进水 C/N 适中的情况下,预缺氧区的反硝化作用可使回流至厌氧区的混合液中硝酸盐的含量接近于零,以消除或减少回流污泥中的硝酸盐对厌氧段聚磷菌（反硝化菌与聚磷菌会争夺碳源）释放磷效果的影响。大部分（2/3）旋流沉砂池出水和预缺氧池出水混合进入厌氧池，污水在廊道内按固定方向流动，沿程氧气进一步消耗，进行一系列的厌氧反应，有机污染物厌氧分解产生甲烷，并释放出磷酸盐和氨基酸，达到较高的脱磷效果。厌氧池出水进入缺氧池，并接纳部分好氧池的硝化回流液，使污水溶解氧保持在缺氧状态（1.0 mg/L）和较高的 NO_3^- 浓度，最大程度利于反硝化细菌的活性和脱氮反应。大分子有机物转化为小分子有机物，污水的可生化性增加，同时氨基酸进一步转化为铵根离子。污水最后到达好氧区，通过曝气装置增加污水的溶解氧，进行好氧反应，使小分子有机物最终分解为 CO_2 和水，铵离子被氧化成硝酸根。

该厂的厌氧池和缺氧池内两端均设置导流墙，利于污水在转向时保持流速稳定。好氧池上方的黄色管道是高压曝气管道，通过分支管道进入好氧池底部的曝气头（图 3-14），对污水好氧曝气，形成细小的气泡，向上浮动通过水层，增加水与空气的接触面积，满足微生物进行好氧处理的条件。通过曝气，活性污泥在好氧池内呈悬浮状态。

图 3-14 曝气装置

3. 分配井

分配井是一个综合构筑物，一期氧化沟出水和二期生物池出水混合进入分配井，然后平均分配至 6 座二沉池。分配井作用是：①中心承接生化池出水；②均匀分配进入二沉池的混合液；③外圈污泥池承接二沉池排出的污泥；④将回流污泥泵入生化池；⑤将剩余污泥泵入污泥浓缩车间。

4. 二次沉淀池

二沉池（图 3-15）是活性污泥系统的重要组成部分，主要作用是泥水分离，使混合液澄清、浓缩活性污泥。二沉池包括进水装置、沉淀区、出水装置和污泥区。根据沉淀区水流方式的差异，沉淀池可分为平流沉淀池、辐流沉淀池和竖流沉淀池。

该厂采用周进周出辐流式沉淀池，最外侧一圈为配水槽，配水槽的槽宽随着水流方向逐渐变窄（图 3-16），随着流速的降低，可以初步截留住污水中密度较小的浮渣。这些浮渣在污水流动的推动力下被挤至配水槽末端排出，进入浮渣槽；进入沉淀区的油脂和浮渣上浮至水面，被刮泥刮渣机刮至浮渣槽，定期外运处理。

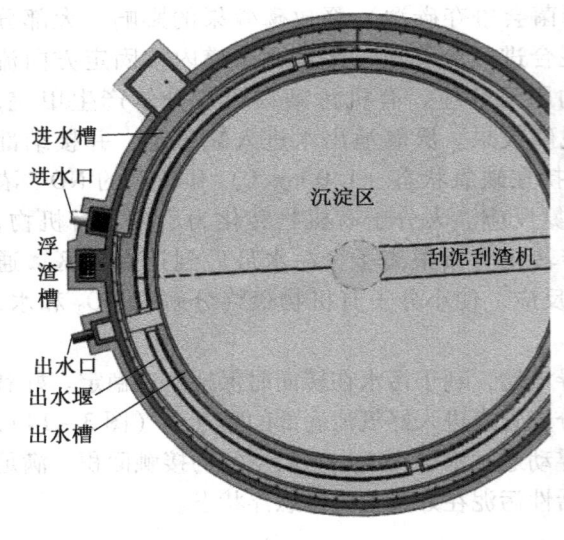

图3-15 二沉池平面图　　　　　　　　图3-16 二沉池进水槽

 提问：通过哪些技术手段，可以减少二沉池的浮渣产生量？

图3-17 刮泥刮渣机

配水槽内侧是出水装置，包括出水堰和出水槽。本厂为双侧齿形出水堰，出水堰与中部沉淀区在底部水连通，通过出水堰溢流入出水槽内，收集后从出水口进入深度处理工段。中部为沉淀区，随着污水在辐流池内流速的降低（中心流向四周），污泥沉淀于池底（存在向中心的倾斜坡度），并通过刮泥刮渣机的周转。污泥自流入池中心的集泥槽，然后被刮泥刮渣机（图3-17）上的污泥泵吸出，采用虹吸法排泥，最后进入分配井的污泥池内。

与周进周出二沉池相对的是中进周出二沉池。中进周出和周进周出两种不同池型内的混合液流态各不相同（图3-18）。异重流（进水SS为4000 mg/L，密度较水大）现象在中进式沉淀池中会形成短流，而且由于中心进水流速较快，在中心部分易形成湍流，冲击底部污泥，导致难以形成絮凝、澄清作用；中心部分容积没有得到有效利用，池子的实际负荷比设计负荷大得多。而周进式由于大环形密度流的形成，容积利用率要高得多；由于池周较长，配水槽过水断面大，进水流速小得多，一般控制在0.3~0.5 m/s，有效地促进了槽内流态向层流发展，促使活性污泥下沉；由于污水和污泥是同向流，混合液中的污泥颗粒不断与悬浮层中的活性污泥碰撞、吸附、结合、絮凝，产生良好的澄清作用，提高了沉淀效果。所以周进周出沉淀池比通常中进周出沉淀池具有显著的优点。

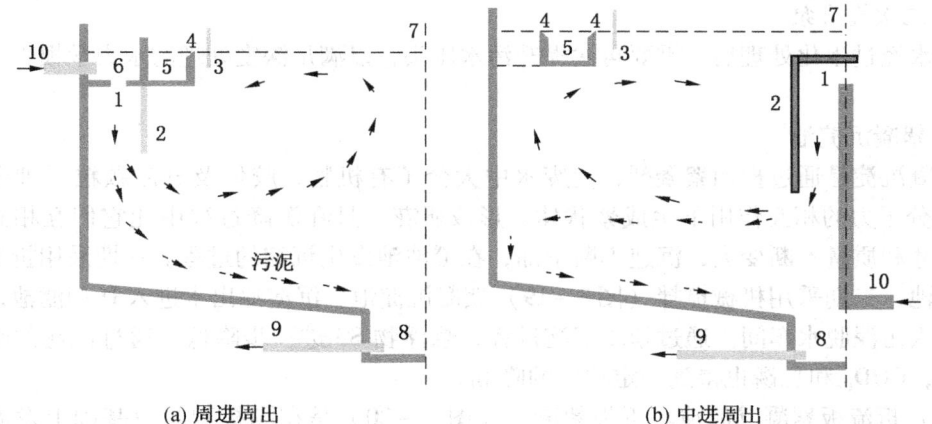

(a) 周进周出　　　　　　　　　　　(b) 中进周出

1—配水孔；2—挡水槽板；3—浮渣挡板；4—出水堰板；5—出水槽；6—进水槽；
7—沉淀池中心；8—集泥槽；9—排泥管；10—进水管

图3-18　周进周出与中进周出沉淀池流态差异

二沉池一共有6个，一期4个（西侧），二期2个（东侧）。每个二沉池单池有效容积6230 m³，单池直径42 m，有效水深4.50 m，表面负荷0.75 m³/(m²·h)，水力停留时间5.07 h。每池设有周边驱动半桥式刮泥刮渣机1台，每50 min转一周。

3.1.3　深度处理

二沉池出水一般可满足《城镇污水处理厂污染物排放标准》（GB 18918—2002）二级标准，可排入地表水Ⅳ、Ⅴ类功能水域。当污水处理厂出水引入稀释能力较小的河湖作为城镇景观用水和一般回用水等用途时，执行一级标准的A标准，此时需要进行深度处理。该厂采用"絮凝沉淀+D型滤池+接触消毒"的工艺对污水进行深度处理，进一步去除污水中的COD、SS、氨氮和总磷。污水处理厂最高允许排放浓度见表3-1。

表3-1　污水处理厂基本控制项目最高允许排放浓度

序号	基本控制项目		一级标准		二级标准	三级标准
			A标准	B标准		
1	化学需氧量(COD)/(mg·L^{-1})		50	60	100	120
2	生化需氧量(BOD$_5$)/(mg·L^{-1})		10	20	30	60
3	悬浮物(SS)/(mg·L^{-1})		10	20	30	50
4	动植物油/(mg·L^{-1})		1	3	5	20
5	石油类/(mg·L^{-1})		1	3	5	15
6	阴离子表面活性剂/(mg·L^{-1})		0.5	1	2	5
7	总氮(以N计)		15	20		
8	氨氮(以N计)		5(8)	8(15)	25(30)	
9	总磷(以P计)	2005年12月31日前建设	1	1.5	3	5
		2006年1月1日起建设的	0.5	1	3	5
10	色度(稀释倍数)		30	30	40	50
11	pH值		6~9			
12	粪大肠菌群数/(个·L^{-1})		10^3	10^4	10^4	

1. 二次提升泵

污水经过生化处理后,需要再次提升污水压头,以满足深度处理的水力学损失,实现自流。

2. 絮凝沉淀池

絮凝沉淀是通过投加絮凝剂,使废水中大分子有机物、胶体及分散颗粒(细微悬浮物)在分子力的相互作用下生成絮状体,形成矾花,且在沉降过程中让它们互相碰撞凝聚,尺寸和质量不断变大,沉速不断增加,在澄清池发生沉淀的过程。一期采用折流板絮凝沉淀池,二期采用机械搅拌(图3-19)絮凝沉淀池。沉淀池出水进入D型滤池,絮凝沉渣进入污泥脱水车间。通过絮凝沉淀过程,悬浮物SS进一步降低,通过矾花的吸附沉淀作用,COD_{Cr}和总磷也得到一定程度的降低。

(1)折流板絮凝沉淀池。折板絮凝池(图3-20)是在隔板絮凝池基础上发展起来的,通常采用竖流式。它是将隔板絮凝池改成具有一定角度的折板。折板的夹角采用90~120°。波高一般采用0.25~0.40 m。絮凝剂采用混凝剂聚合硫酸铁和助凝剂阴离子型聚丙烯酰胺(PAM),通过加药泵将混凝剂加入进水前管道,混合后再进入絮凝反应区,待矾花形成后,在第一折流板末端加入助凝剂。在进入澄清沉淀区前矾花逐渐长大,沉渣被收集到沉淀池下方的污泥斗。

图3-19 机械搅拌器

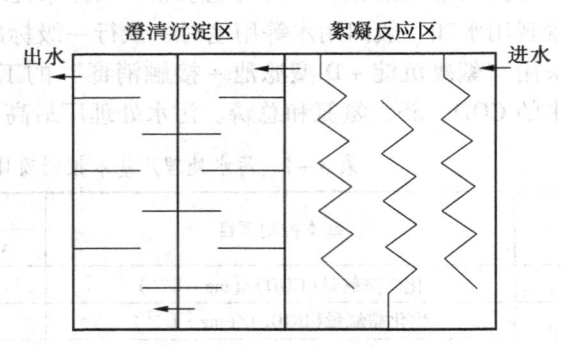

图3-20 折板絮凝池示意图

(2)机械搅拌絮凝沉淀池。详见Ⅰ厂区。

提问:混凝剂和助凝剂有何区别,分别有哪些种类?

3. D型滤池

内容详见Ⅰ厂区。

4. 接触消毒池

内容详见Ⅰ厂区。

5. 出水

接触消毒池出水进入出水计量槽（明渠），前半段是水流稳定段，长约 20 m，之后经过巴氏计量槽（图 3-21），分为收缩段、喉道段和扩散段。超声波水位探头安装在收缩段中部，通过流量指数函数（$Q = a \cdot h^b$）可求出水量，出水排入新河。此巴氏计量槽为不锈钢材质，呈燕尾形，需水平安装，槽的中心线要与渠道的中心线重合。

图 3-21 巴氏计量槽

计量槽旁边设置有出水水质在线监测口，并配有水样采样器，用于人工定期监测出水质量。出水在线监测口和旋流沉砂池出水闸阀进水在线监测口，是市政管理部门提供污水处理费用和环保部门监管污水处理效率的依据。

 提问：在什么情况下，污水进水水量会小于出水水量，此情况下环保部门如何监管污水处理厂的正常运行？

3.2 路线二：Ⅰ厂区水线

Ⅰ厂服务范围为老城区所辖解放区和山阳区，面积约 80 km²，服务人口约 65 万。进水水量为 10 万 m³/d，水质同Ⅱ厂。工艺流程如图 3-22 所示。

预处理：

1. 事故溢流井

污水首先从厂区西北角的总进水干管（D1500 mm）进入事故溢流井（平面尺寸 3.7 m×2.5 m），厂内生产、生活污水也排入事故溢流井，与进厂污水混合后通过 4 套方闸门（W1000 mm×H1000 mm）进入粗格栅。溢流井内装有总超越圆闸门（D1400 mm），一旦发生停电事故，闸门自动关闭，井内水位上升，通过溢流管直接排至污水厂出水管。

2. 粗格栅

预处理首先通过粗格栅去除大尺寸的漂浮物以保护水泵正常工作，尽量去除不利于后续处理过程的杂物，并列设两条宽 1.4 m 的粗格栅渠道（渠深 12.55 m），每条渠道内设一台回转式固液分离机（粗格栅），前后设置检修闸门和超声波液位计，根据测得格栅前后水位差值 PLC 自动控制粗格栅的运行（5~10 min/次）。粗栅板倾斜角度为 75°，栅条间隙 20 mm。运转时，循环尼龙齿耙随两侧的牵引链条绕导向轮作回转运动，待截留在齿耙上的漂浮物提升后，由尼龙转刷扫入无轴螺旋输送压榨机输出。物料受螺旋体的挤压后进行脱水，并通过出渣管将脱水后的干渣输送排出固料箱内，挤压水则汇集到底部的集水槽后排至格栅渠道内。

3. 提升泵

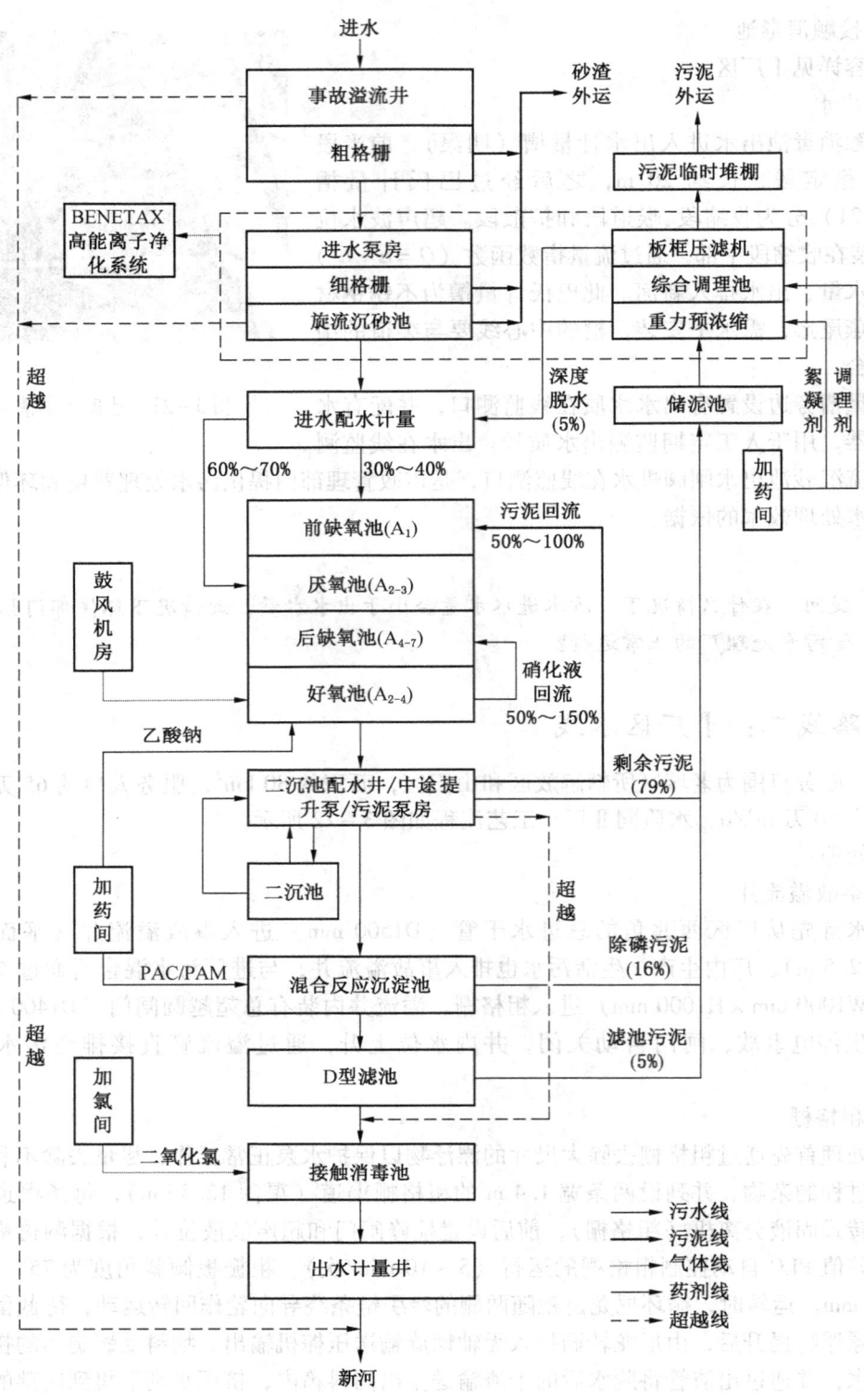

图 3-22 污水 I 厂工艺流程图

选择潜水螺旋离心泵将污水位能提升后，进入泵房顶部的集水池（约 3.0 m³）混合后，均匀分配通过 2 套细格栅和沉砂池，并保证后续生化处理工段实现自流。污水提升泵设 4 台（3 用 1 备），其中一台采用变频电机，单台流量 $Q = 1800$ m³/h，总流量按最高日最高时 5417 m³/h 设计，泵扬程 16 m。泵房内设置泵固定导杆和可行走钢丝绳式电动葫芦，用于潜水泵安装或检修时起吊用。I 厂提升泵泵房密封设计，通过风管将泵房、细格栅和沉砂池产生的臭气负压抽送至一体化 BENTAX 离子净化系统（臭气量 11000 m³/h），对臭气进行处理。

4. 细格栅

污水经细格栅拦截小粒径颗粒物，以利于后续生化处理的正常运行。细格栅通过前后水位差自动控制，通过栅齿的斜周转运动，将栅网上的漂浮物刮下。当栅池转到最上方时发生间歇震荡，杂物掉落到中部的无轴螺旋输送压榨机（5~6 r/min）内，再提升至侧边的水平螺旋输送压榨机内，进入固料箱。由于转鼓式细格栅和水流形成 35°角，形成折流，可使粒径小于格栅缝隙的颗粒物也能被分离出来。2 台转鼓式细格栅机（图 3-23），渠宽 1.8 m，深 1.5 m，栅距 6 mm，设置反冲洗水泵，与细格栅联动，具有自净功能；对细格栅进行玻璃房密封，负压抽送至一体化 BENTAX 离子净化系统集中处理，防止臭气异味向周围散发。

图 3-23 转鼓式细格栅

5. 旋流沉砂池

污水通过沉砂池可以去除大部分无机砂粒，从而减轻二级处理负荷。考虑到占地小和后续污水脱氮除磷对厌氧环境的要求，该厂选择旋流沉砂池。污水由进水渠从切线方向进入圆形沉砂池，通过水流产生的涡流，使砂粒在离心力的作用下从水中分离，以达到除砂的目的。沉砂池内产生螺旋状环流，因在沉砂池中间设有电动桨板，故使池中心形成上升流，促使砂粒上附着的有机物与砂粒有效分离，并在向轴心方向上产生径向推力，使砂粒带向池心并流入砂斗；而较轻的有机物则在上升水流的作用下与砂粒分离，并随着出水水流进入后续构筑物。

选用 2 座旋流沉砂池，采用对流式组合，对应 2 套无轴式螺旋砂水分离器和 2 台罗茨鼓风机。沉砂池前后均设置手动闸门，当沉砂池检修时污水经该超越出口进入后续处理构筑物。罗茨风机的作用是清除沉砂池砂斗内的沉砂并输送到螺旋砂水分离器。沉砂池直径 5.49 m + 1.52 m，池深 1.98 m + 2.13 m，除砂效率大于 95%（50 目），有机物分离效果大于 95%。

6. 配水计量井

沉砂池出水进入配水计量井，分别经 2 条巴氏计量槽进行流量计量后，经 D1000 mm 配水管道进入 2 组 A/A/O 反应池，在沉砂池后设置有 DN900 mm 的电磁流量计和 SS、pH、温度、COD、氨氮在线检测仪各一套。对进水的水质和水量进行在线监测，监测结果作为污水处理厂原水的依据，并为提高污水处理厂的工作效率和运转管理水平，积累技术资料，总结运转经验，掌握污水处理动力消耗，反映运行成本。

3.2.1 生化处理

Ⅰ厂的生化处理部分设有 2 个改良 AAO 池、1 个分配井、4 个辐流式沉淀池。

1. 改良 AAO 池

AAO 平面布置如图 3-24 所示。

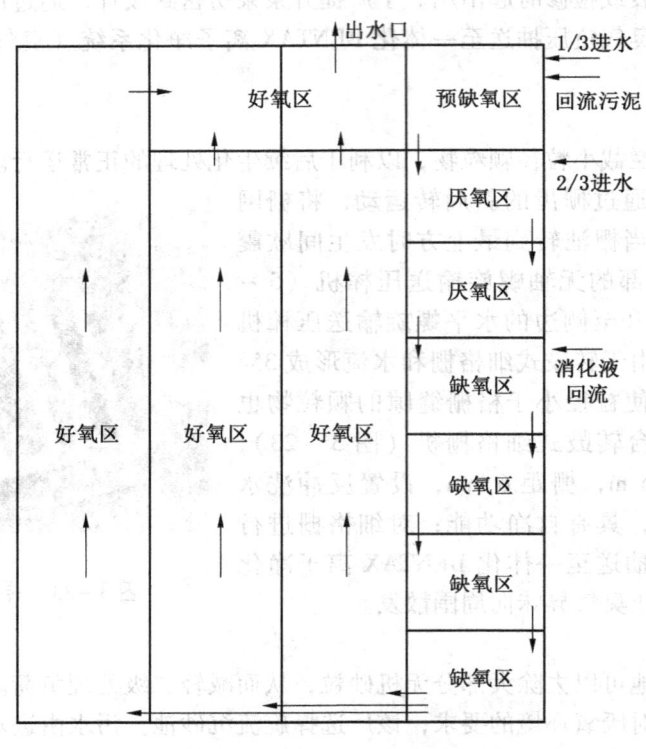

图 3-24 AAO 平面示意图

AAO 生物脱氮除磷工艺是传统活性污泥工艺、生物硝化及反硝化工艺和生物除磷工艺的综合。该系统的活性污泥中，菌群主要由硝化菌、反硝化菌和聚磷菌组成。

AAO 工艺除磷原理：在厌氧区（DO＜0.2 mg/L）采用聚磷菌（也叫作摄磷菌、除磷菌）进行除磷，在厌氧条件下，除磷菌能分解体内的聚磷酸盐而产生腺苷三磷酸（ATP），并利用 ATP 将废水中的有机物摄入细胞内，以聚 b-羟基丁酸等有机颗粒的形式贮存于细胞内，同时还将分解聚磷酸盐所产生的磷酸排出体外。而好氧条件下，除磷菌利用废水中的 BOD_5 或体内贮存的聚 b-羟基丁酸的氧化分解所释放的能量来摄取废水中的磷：一部分磷被用来合成 ATP，另外绝大部分的磷则被合成为聚磷酸盐而贮存在细胞体内（生物脱磷）。水中的磷转移到活性污泥里，通过剩余污泥和污泥深度脱水设施将磷从系统中排出。进入生物池的污水磷含量通过生物池处理达到了 0.7 mg/L 左右。

Ⅰ厂 AAO 池一共设有 2 序列（4 座生化池），呈对称分布，每座生化池可独立运转。单座生化池按最大日流量 2.875 万 m^3/d 设计，尺寸 93×79×6.5 m，有效水深 6 m。最大日流量水力停留时间 17.5 h，泥龄 12 d，污泥有机负荷 0.07 kgBOD/kgMLSS·d，外回流

（剩余污泥）比 50%～100%，内回流（硝化液）比 50%～150%。由于生化池中的污泥是以对角进、对角出的形式流动，为了防止池内回流死角的活性污泥发生堆积，所以在死角位置装有搅拌器，此处搅拌器的作用只推流不曝气。AAO 池设有 7 台高速潜水搅拌器，2 台内回流泵，采用前置缺氧 AAO（A^2O）工艺，预缺氧→两个厌氧→四个缺氧→好氧。

将进水廊道 1 第一分格设为前置缺氧区的目的是在厌氧池前增加一个回流污泥反硝化段。少部分（1/3）原水和回流污泥从该段进入，反硝化菌利用部分进水中的有机物作为碳源将回流污泥中的硝态氮反硝化掉，使厌氧段基本不含或含较低的硝酸盐氮，不至于影响到厌氧段聚磷菌的磷释放。前置缺氧池平面尺寸为 B9.8 m×L16.8 m，水力停留时间为 50 min。

后续大部分（2/3）进水与预缺氧池出水混合导致污水产生厌氧条件（DO<0.2 mg/L）。厌氧池的水力停留时间应确保磷酸盐从回流污泥和污水有机质中释放出来。厌氧池磷释放越充分，则在好氧池活性污泥对磷的摄取量就越大，停留时间过长则增加池容投资，还会引起硫酸盐被还原成硫化氢，产生臭味。厌氧池污泥浓度 MLSS 为 1500～2000 mg/L，BOD_5/P 为 20～25。厌氧池平面尺寸为 B11.65 m×L16.8 m，2 分格，水力停留时间为 2 h。

在第四分格内，由好氧池末端的硝化内回流液与厌氧池出水混合形成缺氧条件，满足反硝化脱氮的环境，使回流液中的硝酸盐氮反硝化生成氮气和氧化二氮气体，达到污水脱氮的目的，保证出水全面达标。后缺氧区为 4 个分格，平面尺寸同厌氧池。水力停留时间为 3.7 h。

好氧池具备降解有机物 BOD 和除磷与硝化的作用，以保证出水全面达标。有机物降解和活性污泥对磷的摄取均符合一级反应动力学。设置好氧区水力停留时间为 11 h。生化池的第二、三、四廊道为好氧区，占整个池容的 63%。好氧池需氧量为有机物氧化需氧量、部分硝化需氧量、活性污泥内源呼吸需氧量和维持出水有一定溶解氧量之和。好氧池廊道内设置了微孔曝气管，进行渐减曝气。气源由鼓风机房内的单极高速离心鼓风机提供，每池设 2 根 D500 mm 总进气管，单池供气量 7320 m^3/h，气水比 6:1，气体压力 0.07 MPa。每池设 EPDM 膜微孔曝气管 1003 根，直径 90 mm，长 1000 mm，单根管充氧量为 7～12 m^3/h，氧利用率大于 20%。

2. 分配井

分配井位于 4 个二沉池的中心位置，直径 17.8 m。Ⅰ厂分配井较Ⅱ厂分配井的作用增加 1 项：外圈中途提升二沉池出水水头，满足深度处理要求。设置 4 套手动调节堰门、5 台回流污泥泵、2 台剩余污泥泵、1 台钢丝绳式电动葫芦、4 台潜水泵用于污水中途提升。中途提升集水池面积 70 m^2，有效深度 2.4 m，集水池内设有 D1400 mm 溢流管。如果污水经过生物处理满足排放要求，或设备检修时，污水超越中途提升泵从溢流口直接排放。

3. 二沉池

二沉池按最高日最高时污水量 5417 m^3/h 流量设计。原理部分见Ⅱ厂。沉淀池设中心驱动单管吸泥机，将沉淀池污泥通过输泥管排入分配井综合构筑物的污泥井中。Ⅰ厂共设有 4 座周进周出辐流式二沉池（图 3-25），为单边出水堰设计，单池直径 40 m，总池深 5.7 m，池边水深 4.8 m，清水区高 0.8 m，分离区高 2.3 m，缓冲区高 0.5 m，泥浆浓缩区高1.8 m。水力表面负荷0.85 m³/(m²·h)，沉淀时间4.9 h，池底为0.5%坡度，坡向池中心。电机功率1.5 kW，中心驱动单管吸泥机运行一周约50 min，单池处理能力2.5万t/天。

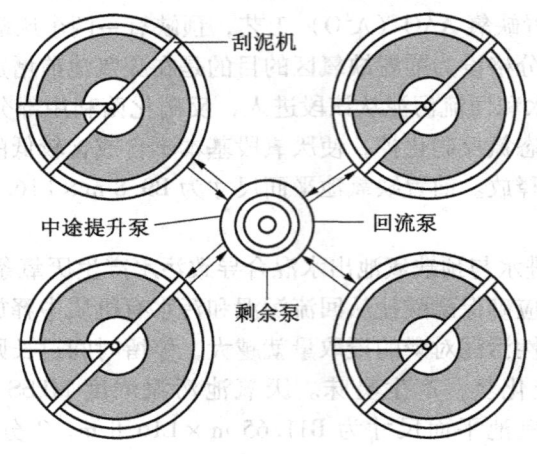

图3-25 二沉池示意图

3.2.2 深度处理

1. 混凝反应沉淀池

混凝反应过程主要作用是除磷和悬浮物。该厂有一座混凝沉淀池，总尺寸46 m × 47 m × 6.9 m，如图3-26所示。混凝沉淀池系统可分为5个单元的综合体：前混凝、反应池、预沉-浓缩池和斜板分离池。前混合池2座，单池容积135 m³，停留时间3 min；絮凝反应池2座，单池容积770 m³，停留时间7 min；高密度澄清池2座，单池斜管面积256 m²。主要设备有前混合搅拌器2台、絮凝搅拌器2台、刮泥机2台、污泥泵4台。

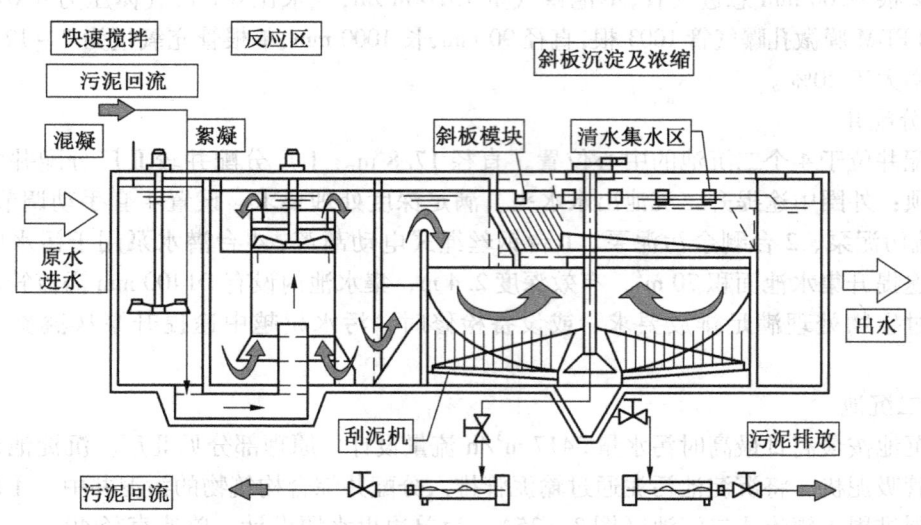

图3-26 高效混凝沉淀池

分配井提升后的污水进入混凝沉淀池西南角前的混合池，旁边有聚合氯化铝混凝剂的加入管。通过机械混合搅拌器快速混合，混凝剂发生水解并产生氢氧化铝的矾花（絮体）。污水产生红色矾花后进入絮凝反应池，在涡轮桨的缓慢搅拌下，加入阴离子聚丙烯酰胺助凝剂，将上一步形成的小块絮凝体凝结起来，形成更大的絮凝体，加快固液分离。反应池出水进入高密度澄清池，在池底部进行预沉淀-浓缩。上清液中污泥在斜管上进一步被捕集，沿斜管壁沉淀到池底，通过沉淀池底部刮泥机进入污泥斗：一部分污泥回流至反应池，一部分污泥排入污泥脱水车间。上清液从斜管上升，从出水堰溢流排出，进入D滤池。

聚合硫酸铁（聚合氯化铝）投入污水后，三价铁（铝）离子与污水中的溶解性磷酸盐结合成非溶解性盐沉淀，使胶体脱稳，并且聚合硫酸铁（铝）水解后产生氢氧化物，氢氧化物会形成大块絮凝体（矾花），让水中的胶体凝结在一起，并吸附沉淀中含有的磷成分，从而达到化学除磷效果。一般去除 1.0 kg 磷需要投加 2.7 kg 铁或 1.3 kg 铝。絮凝体具有强大吸附力，不仅能吸附悬浮物，还能吸附部分细菌和溶解性物质。絮凝体通过吸附，体积增大而下沉，降低水中的浊度、色度等水质的感官指标，可使上清液磷的浓度小于 0.2 mg/L。

2. 加药间

为满足去除 SS 和化学除磷的需要，需要设置加药间投加药剂。药剂包括混凝剂（聚合氯化铝 PAC 或聚合硫酸铁 PFS）、絮凝剂（聚丙烯酰胺 PAM）和碳源（乙酸钠）。向混凝反应池投加混凝剂和絮凝剂，可保证出水中 P 和 SS 达标排放。在好氧池中，碳源投加可保证生化池有较好的脱氮效果。碳源通常采用乙酸钠，也可用酿造行业生产废水代替。

PAC 和碳源需提前配成 10% 浓度溶液，PAM 提前配成 0.1% 浓度溶液。PAC 最大投加量混凝 10 mg/L，化学除磷 35 mg/L，PAM 最大投加量 1.0 mg/L，碳源最大投加量 10 mg/L。

3. D 型滤池

主要作用：进一步去除水中的悬浮物，同时去除部分 COD、BOD、TP。

D 型滤池的原理是深层过滤。与滤饼过滤不同，深层过滤的孔径较颗粒物直径要大得多，颗粒物积累在过滤介质内部。D 型滤池是一种重力式超高速滤池，以 DT 自适应纤维滤料作为技术核心代替传统的石英砂滤料，采用恒流量过滤方式。DT 自适应纤维滤料两端是松散的纤维丝束，中间为固定纤维节，工作状态下获得较高（大于 85%）的孔隙率，远大于石英砂滤料的 45% 孔隙率，可获得较传统滤池高 2~3 倍的高滤速运行。

D 型滤池设计尺寸为 37 m×30 m×5.5 m，分为 8 格，单池过滤面积 42 m²，设计平均过滤速度 13.37~19.86 m/h，滤床有效高度 0.8 m。图 3-27 所示是 D 型滤池的工作工艺流程示意图，每单格（或对称单组）D 型滤池共有 6 个阀门。图 3-28 所示为 D 型滤池外观。

D 型滤池的工作过程分为初滤、过滤和反冲洗过程。

（1）初滤过程。过滤介质经过反冲洗后，孔隙最初处于不稳定状态，在过滤的最初 1~3 min 内，过滤出水水质通常不合格，所以就把这部分水叫初滤水，当作废水排放。初滤阶段一般需要加大进水悬浮物含量，以缩短初滤时间。

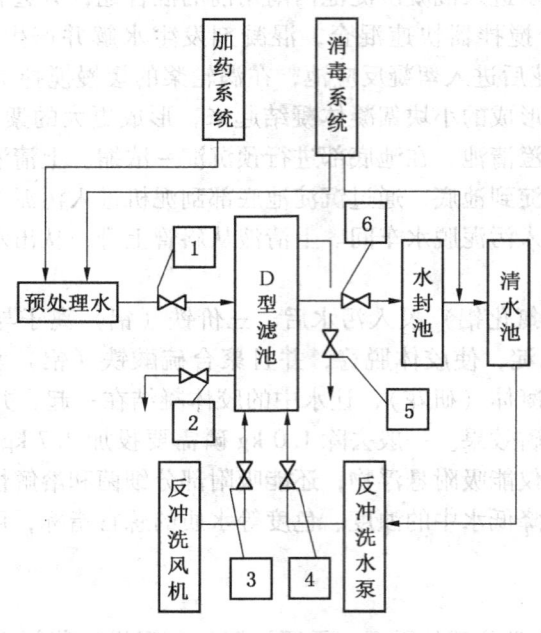

1—进水阀；2—初滤阀；3—反冲洗进风阀；4—反冲洗进水阀；5—反冲洗排污阀；6—出水阀

图3-27 D型滤池示意图

图3-28 D型滤池

（2）过滤。在过滤过程中，进水滤浆从总进水渠，经由进水阀和进水堰进入V型槽。V型槽使待滤水均匀进入滤池，由其底部的小孔均匀分配进水。待滤浆再穿过滤料拦截板，经由滤层过滤截留悬浮固体，滤后出水通过滤板滤头收集进入清水槽，通过出水堰口溢流进清水渠。

（3）反冲洗过程。反冲洗分为3个阶段：单独气冲（3~5 min）、气水混冲（8~10 min）、水冲（3~5 min）。气冲过程时打开反冲洗进气阀，开启风机，空气经气水分配暗渠里的上部小孔均匀进入滤池底部，由长柄滤头喷出，将滤料托起、冲散，滤料上附着的杂质通过气泡与滤料之间的摩擦、滤料之间的碰撞以及水流的剪切力的作用清洗下来并悬浮于水中,被表面扫洗水冲入排污渠中。气水混冲过程是在气冲的同时启动反冲洗泵,打开反冲洗进水阀,使反冲洗水也进入气水分配暗渠,气、水分别经小孔和方孔流入滤池底部配水区,经长柄滤头均匀进入滤池,表面扫洗仍继续进行。水冲过程主要是通过干净水流对滤料进行漂洗,同时把滤料上的悬浮脏物排到排污渠中。

4. 接触消毒池

在污水处理厂中,一般在污水处理的最后一个步骤时,需要采用接触消毒池进行消毒。接触消毒池是消毒剂与污水混合,进行消毒的构筑物。现有的接触消毒池一般包括一个池体,池体底部并列设置有多个隔水墙,污水沿着隔水墙折流流动(图3-29)。在消毒池中加入消毒剂二氧化氯,目的是杀死大肠杆菌等致病微生物。消毒过后的水则外排作为景观用水。接触消毒池中二氧化氯投加量为 10 mg/L,消毒周期 30 min。

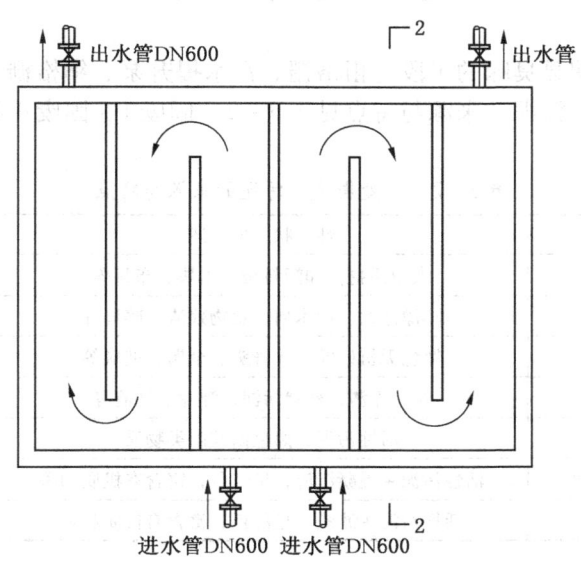

图 3-29 接触消毒池示意

该厂接触消毒池 1 座,平面尺寸 26 m×24 m×5.5 m,有效水深 5 m,总容积约 2760 m³,潜水泵 2 台。

消毒池旁边设置加氯间一座,用于产生二氧化氯气体。加氯间设置 4 台二氧化氯发生器,3 用 1 备;另设置 1 套次氯酸钠溶液罐、1 套盐酸溶液罐、1 套化料器。加氯间设置二氧化氯泄漏监测仪和报警等安全防护设施。

3.3 路线三:Ⅱ厂区污泥—臭气线

3.3.1 固废、污泥和臭气来源

城市生活污水处理过程中产生固废类物质 4 处,全部外运处置;产生污泥(微生物类物质)3 处,均进入污泥浓缩车间,进一步脱水稳定化处理后外运综合处置,如图 3-30 所示。

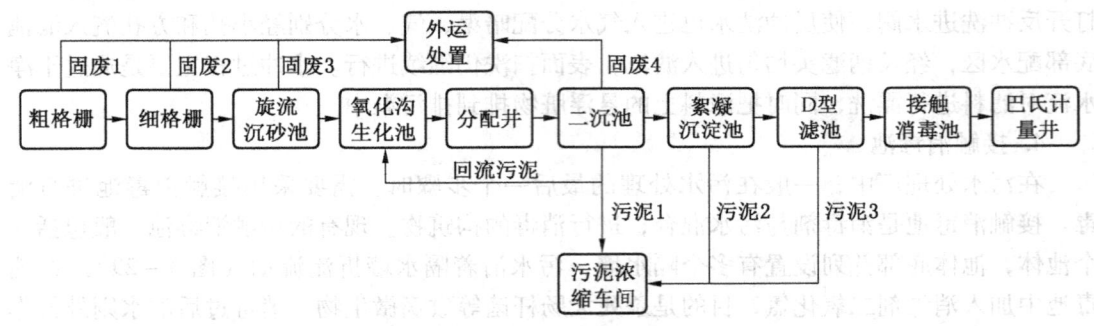

图 3-30 固废、污泥来源

现场观察发现有明显臭味的工段为粗格栅、污水提升泵、细格栅、旋流沉砂池和污泥浓缩车间。各处固废、污泥的来源与特点见表3-2。固废1~固废4如图3-31所示。

表3-2 各处固废、污泥的来源与特点

序号	来源工段	性状描述	最终处置
固废1	粗格栅	大漂浮物，如塑料袋、木块、布料等	填埋或焚烧
固废2	细格栅	小漂浮物，如木屑、食物残渣、碎屑等	填埋或焚烧
固废3	旋流沉砂池	黑色无机砂粒、碎骨头、金属、玻璃等	建材或填埋
固废4	二沉池	灰色浮渣、丝状污泥、浮萍、油渣等	焚烧或生物制肥
污泥1	二沉池	活性污泥，黑色菌胶团类物质	压滤脱水后填埋
污泥2	絮凝沉淀池	活性污泥+混凝沉渣，呈红色，富含有机质和磷	压滤脱水后填埋
污泥3	D滤池	活性污泥+滤渣，呈红色，富含有机质和磷	压滤脱水后填埋

3.3.2 污泥浓缩脱水机房

该脱水机房用于处理焦作第Ⅰ、Ⅱ污水处理厂（总规模25万 m^3/d）运行过程产生的剩余污泥。污泥泵将剩余污泥输送至脱水车间的剩余污泥储存池，加入絮凝剂后经8台重力浓缩机浓缩，后加入调理剂，经过一系列的物理、化学反应，改善污泥脱水性能，使污泥易于脱水。浓缩调理后，污泥经污泥泵打入板框压滤机中，进行压榨，深度脱水，处理后泥饼含水率低于50%，利于后续污泥处置，便于卫生填埋和综合利用。原Ⅱ厂污泥处理采用带式压滤工艺，2014年二期扩建后弃用。

污泥处理工艺过程如图3-32所示。

1. 污泥来源

二沉池中的活性污泥一部分回流至生化处理部分作为菌种，称为回流污泥（60%），另一部分进入脱水车间进行最终处理和处置，称为剩余污泥（40%）。絮凝沉淀和D型滤池产生的污泥（随反冲洗水进入提升泵房循环处理）也进入污泥脱水机房和剩余污泥一并处理。

2. 重力浓缩机

图3-31 固废1~4 彩图

图3-32 污泥处理工艺流程图

约5000 t/d、含水率99.2%的泥浆进入重力预浓缩机（图3-33），水分在重力的作用下从滤布的孔隙渗漏下来，把污泥截留在滤布上面，达到浓缩的效果。为了增强污泥的凝聚性，泥浆在进入重力浓缩机前需加入事先调制好的阳离子聚丙烯酰胺（CPAM）絮凝剂溶液（浓度为3%）。经浓缩后，污泥的含水率下降到96%。滤渣经刮板收集进入调理池。滤布经高压水反冲洗后循环使用，反冲洗水和滤液从浓缩机底部收集进入污水泵房。

3. 调理池

进入调理池前,需加入无机调理剂如生石灰和高铁盐(质量比100∶1)联用破坏细胞结合态水,以进一步改善污泥脱水效果。目前,企业使用的是一种简单高效的保密型新型药剂,脱水效果较好。泥浆进入车间南侧的调理池内要停留反应一段时间。

4. 板框压滤机

污泥泵将调理池内泥浆输送到板框压滤机(图3-34)。板框压滤是一个非均相分离过程,利用过滤前/后的压差实现固液分离。泥浆从滤框中部进入,泥浆中悬浮的微小粒子被截留在滤框内形成滤饼。滤液穿过滤布和滤饼层,在滤布后面汇流到滤板周边的收集孔,从滤板收集到的滤液进入污水泵房。滤框被滤饼充满后,用清水洗涤滤饼,再通过自动卸料,使滤饼进入板框压滤机的底部。滤饼收集后通过螺旋输送机和带式输送机到达车间东北角的泥饼储存间。卸料后,用高压水枪对滤布进行反冲洗,再用高压气流吹干滤布,反冲洗水收集后进入污水泵房。板框压滤的一个工作周期是:初滤—过滤—洗涤—卸料—反冲洗—吹干—板框组装。当滤布破损,需将滤板拆下,重新包裹新滤布。

图3-33 重力预浓缩机　　　　　图3-34 板框压滤机

5. 泥饼最终处置

泥饼通过带式输送机到达泥饼储存间后,经过一段时间的自然干化,含水率低于50%,产生量为114 t/d,经粉碎和接触消毒后,被送至其他企业用来生物制肥(缺点是氮磷钾有效含量低),做型煤燃料(缺点是热值偏低),烧制建材(缺点是钙含量大、遇水易沸裂),卫生填埋(缺点是体积量大,厌氧反应产生沼气,目前采用)。目前,焦作城市污水处理厂每年产生泥饼约4万t,对泥饼的最终处置仍是一个亟待研究和解决的问题。

3.3.3 除臭装置(微生物氧化除臭)

臭气处理装置(图3-35)主要设置在污泥的脱水车间里,通过吸气口将车间内的臭气收集到管道内,使收集到的废气通过一体化BENTAX高能离子净化系统。进水泵房脱臭气量11000 m^3/h,污泥泵房脱臭气量38000 m^3/h,臭气浓度4000~5000。

图3-35 除臭装置

高能粒子除臭原理：空气通过离子发生装置时，氧气分子受到高能电子碰撞，形成分别带正电荷、负电荷的氧离子。这些高能氧离子与VOC气体分子接触后，能打开VOC分子化学键，经过一系列反应后最终生成二氧化碳和水，对硫化氢和氨气同样具有分解作用。高能氧离子还能有效破坏空气中细菌的生存环境，降低室内细菌浓度。高能氧离子还能捕捉空气中的可吸入胶体颗粒，发生凝聚和沉降，达到净化空气的目的。污水处理厂常用除臭技术见表3-3。

表3-3 污水处理厂常用除臭技术比较

比较项目	植物液喷洒除臭技术	生物除臭技术	高能离子除臭技术
处理臭气浓度	低浓度臭气	中低浓度臭气	中高浓度臭气
除臭效果	良好	良好	良好
投资	小	大	适中
运行费用	高	较高	低
运行方式	可间歇运行	不可间歇运行	可间歇运行

3.4 路线四：Ⅰ厂区污泥—臭气线

Ⅰ厂区固废、污泥和臭气来源同Ⅱ厂，污泥浓缩脱水机房同Ⅱ厂，除臭装置（微生物氧化除臭）同Ⅱ厂。

Ⅰ厂污水提升泵、细格栅和旋流沉砂池采用封闭隔离的方式，防止臭味向周围环境扩散。

4 生活垃圾处理站

1. 简介

焦作市生活垃圾处理站位于修武县周流村南侧 970 m，距离市中 29 km，西邻省道 233 公路，占地 37 公顷，总投资 1.27 亿元，设计总库容 420 万 m^3，日处理能力 970 t，供焦作市城区和修武县共同使用。工程采用卫生填埋工艺，其中填埋库区占地 20.4 公顷，生产管理区占地 0.66 公顷，垃圾渗沥液调节池 3.3 万 m^3。项目分两期建设，一期工程库容 220 万 m^3。一期工程主要建设内容包括：填埋库区（包括 2 个填埋分区，各占地 5 万 m^3）、导气系统、分区隔堤、分区坝、进场道路、环场道路、排洪沟、渗沥液调节池、污水处理设施、生活管理区、辅助生产区等达标运行必备设施。

2. 发展历史

焦作市生活垃圾处理站原是黏土砖窑的采土场。2007 年 6 月，焦作市城管局牵头建设城市生活垃圾填埋场，初步设计于 2007 年 9 月 14 日顺利通过了专家和部门的审查，2007—2008 年进行建设，2008 年 9 月投入使用，2016 年一期Ⅰ分区至 +24 m 标高，一期Ⅱ分区投入使用。渗滤液处理设施于 2009 年一期投入生产，2019 年扩建二期集成式渗滤液处理装置，并投入生产。沼气发电区于 2010—2011 年建成使用。厨余垃圾处理设施于 2018 年投产。

3. 位置

正门（东经 113°、北纬 35°、海拔 88 m），东距国道 234 道路 361 m，东南距南柳村中学、卫蓝文化广场分别是 1.8 km、1.9 km，西南距王村 1.7 km，西距西黄村、省道 232 分别是 1.2 km、344 m，距西北王屯中心幼儿园、王屯乡政府分别是 2.1 km、1.6 km，北距黄河路 1.8 km，东北距周流中心小学、高铁分别是 1 km、515 m，距河南理工大学正门 15.1 km。位置如图 4-1 所示。

4. 实习路线与目的

（1）路线一：沼气发电。了解垃圾处置站的规模、位置和发展历史等基本情况及沼气发电的相关设施。

（2）路线二：厨余。了解厨余垃圾生物处理过程和相关工艺。

（3）路线三：渗滤液。了解渗滤液产生、收集、处理的相关工艺过程。

（4）路线四：填埋。了解垃圾运输、计量、填埋、消杀等相关工艺过程，了解填埋区的垂直剖面结构。

垃圾处理站实习路线如图 4-2 所示。

4.1 路线一：沼气发电

4.1.1 沼气发电的相关设施

沼气发电厂由沼气收集系统、预处理系统、发电系统、电力输出系统组成。由于垃圾处理厂产生沼气量越来越大，发电机组从 3 台增加到 10 台。每台机组功率为 500 kW，日

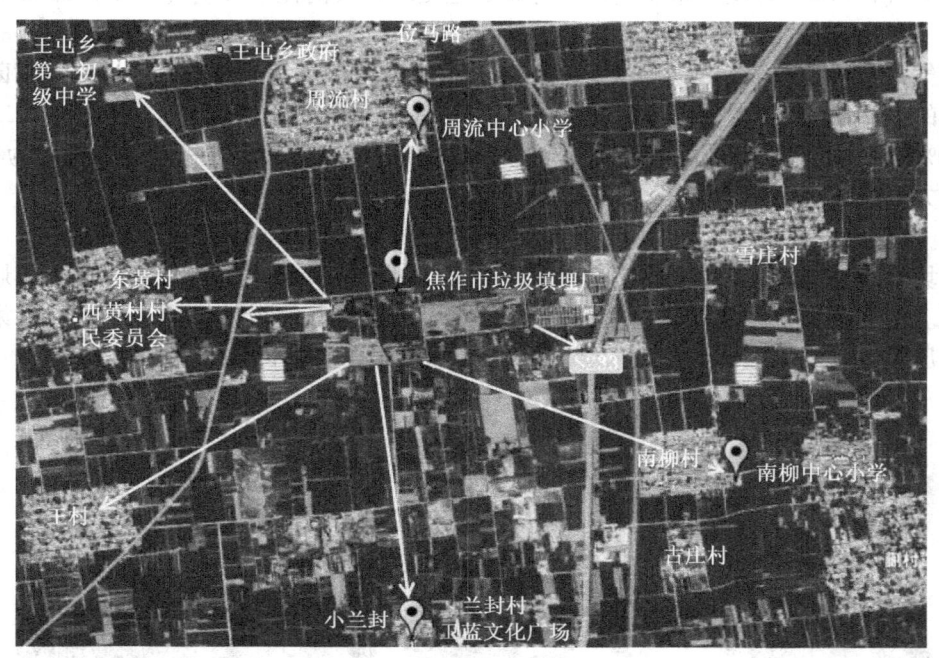

图 4-1 垃圾填埋场位置图

图 4-2 焦作市生活垃圾处理站实习路线图

彩图

发电量为（7~10）万度，年发电量约为0.3亿度。每天消耗沼气量（4~5）万 m^3。

4.1.2 沼气的性质

沼气是有机物在隔绝空气和一定的温度、湿度、酸碱度等条件下，经过沼气细菌的作用产生的一种可燃气体。沼气是一种混合气体，主要成分是甲烷（55%~70%）、二氧化碳（30%~45%）以及少量的氧气、氮气和硫化氢。标态下，沼气相对空气密度为0.94，单位立方沼气发电量约为1.8 kW·h。

4.1.3 填埋沼气收集

垃圾填埋场里收集沼气的管道上面打有孔洞，并包裹纱网防止垃圾堵塞管道，影响气体收集。沼气收集管网（图4-3）采用分层水平铺设，与垃圾填埋同步进行。收集系统采用负压抽气，使填埋气自流进入管网，避免逸散污染周围环境。

图4-3 沼气收集管

 提问：查找资料，比较沼气收集管网的水平铺设和垂直铺设的优缺点。

4.1.4 沼气的预处理

收集到的气体成分很复杂，需要沼气预处理系统（图4-4）进行预处理。预处理过

图4-4 沼气预处理系统

程包括除尘、脱水、脱硫、增压4个部分。除尘采用旋风除尘器,脱水采用折流惯性除雾装置,脱硫采用氧化铁过滤塔,最后用增压泵增压到0.3 MPa。

4.1.5 沼气发电

经过预处理的填埋气,进入沼气发电机(图4-5)。沼气发电机利用内燃机原理发电,采用风冷系统对内燃机进行冷却,燃烧后的尾气经过波纹板换热器使温度降到300 ℃以下,然后通过选择性催化还原装置使氮氧化物转化为氮气,通过20 m烟囱排放。

图4-5 沼气发电系统

提问:查找资料,比较内燃机发电的风冷系统和水冷系统的优缺点。

4.2 路线二:厨余

焦作市德新生物科技有限公司主要经营焦作市餐厨废弃物资源化利用和无害化处理项目。项目总投资约1.1亿元,占地面积约50亩,日处理餐厨一期100 t。其中100 t餐厨垃圾经处理产水约为86 t、产油约为6 t、产渣约为8 t。项目主要服务于餐厨垃圾处理,杜绝"泔水猪"、地沟油回流餐桌,危害居民健康。

项目主要处理工艺为预处理(提油、制浆)+湿式中温厌氧。餐厨垃圾(主要为焦作市餐厅、饭店的泔水)经预处理挤压制浆、除杂、高温蒸煮提油后进入厌氧系统进行厌氧发酵,产生的沼气部分用于厂区锅炉自用,剩余沼气通过发电机组实现沼气资源化利用;产生的沼渣经脱泥系统处理后,固渣运至垃圾填埋场填埋,污水输送至污水处理系统处理达标后排放。各处理系统均设置臭气收集装置,将各系统产生的臭气收集输送至低温等离子除臭系统处理达标后排放。相关工艺流程如图4-6所示。

1. 预处理工艺

焦作市餐厨垃圾经厨余垃圾运输车(图4-7)运送到公司,然后倒入接料斗,通过螺旋输送方式,进入高干挤压机(图4-8)以达到固液分离。废渣运输至垃圾场填埋,滤液返回进入接料斗,水相经柱塞泵输送至缓存罐(图4-9),经过粗筛机进一步除杂,产生的杂质运输至垃圾场填埋。液相进入蒸煮罐蒸煮加热(温度在80 ℃以上),然后进入三相分离器(图4-10),通过转速为3000 r/min的离心力完成水-油脂-固渣的分离。其中粗油外售,固渣进行资源化利用,返浑水进入缓存罐,水相进入均浆罐进行水解酸化,然后进入厌氧系统进行厌氧消化。厌氧产生的沼气进入沼气脱硝系统,然后用于厂区自发电、锅炉燃烧。沼渣进入固液分离系统,固渣进行燃烧资源化利用,水进入污水处理系统进行处理,经水解酸化处理、两级O/A工艺处理、MBR外置式管式超滤处理、纳滤反渗透集成装置处理后达标排放。

2. 厌氧、脱硫处理工艺

预处理系统产生满足厌氧硝化系统要求的浆料,首先进入水解除砂罐中水解酸化。在

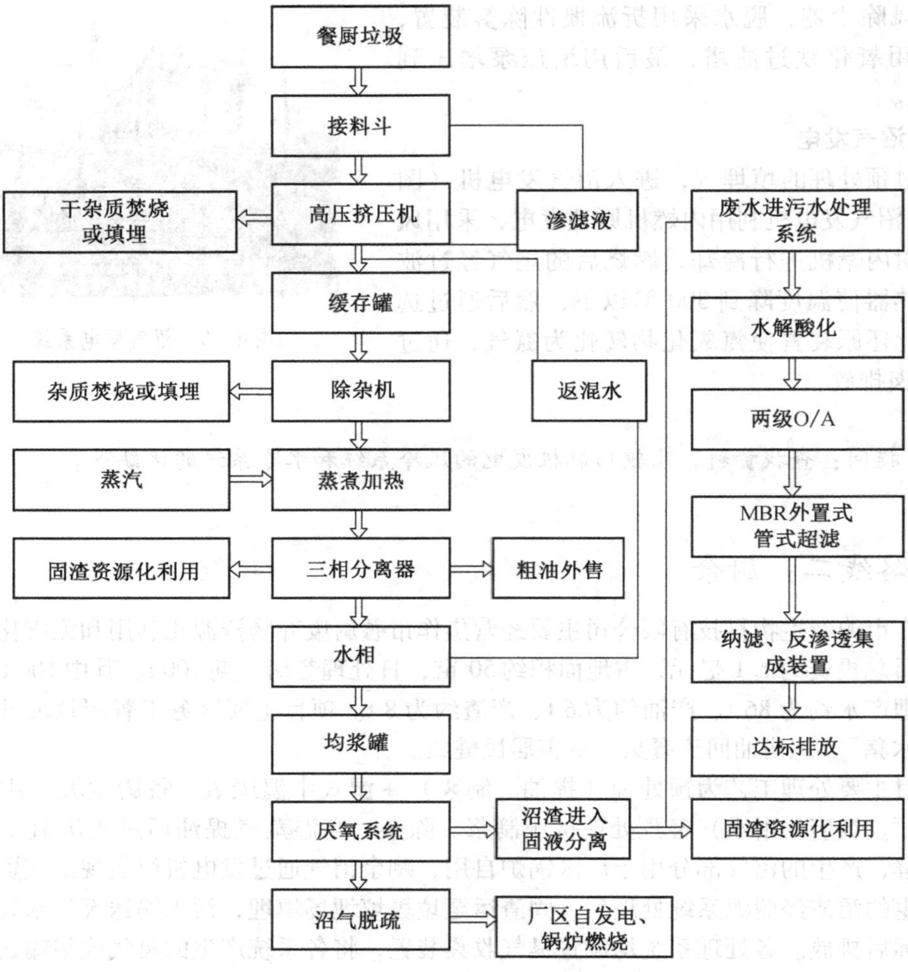

```
                    ┌──────────┐
                    │ 餐厨垃圾 │
                    └────┬─────┘
                         ▼
                    ┌──────────┐
                    │  接料斗  │─────────────┐
                    └────┬─────┘             │
                         ▼                   ▼
┌────────────┐      ┌──────────┐      ┌──────────┐      ┌────────────┐
│干杂质焚烧  │◀─────│高压挤压机│      │  渗滤液  │─────▶│废水进污水处理│
│或填埋      │      └────┬─────┘      └──────────┘      │系统        │
└────────────┘           ▼                              └─────┬──────┘
                    ┌──────────┐                              ▼
                    │  缓存罐  │                        ┌──────────┐
                    └────┬─────┘                        │ 水解酸化 │
                         ▼                              └─────┬────┘
┌────────────┐      ┌──────────┐      ┌──────────┐           ▼
│杂质焚烧或  │◀─────│  除杂机  │      │  返混水  │     ┌──────────┐
│填埋        │      └────┬─────┘      └──────────┘     │  两级O/A │
└────────────┘           ▼                              └─────┬────┘
                    ┌──────────┐                              ▼
┌────────────┐      │          │                        ┌──────────┐
│   蒸汽     │═════▶│ 蒸煮加热 │                        │MBR外置式 │
└────────────┘      └────┬─────┘                        │管式超滤  │
                         ▼                              └─────┬────┘
┌────────────┐      ┌──────────┐      ┌──────────┐           ▼
│固渣资源化  │◀═════│三相分离器│═════▶│ 粗油外售 │     ┌──────────┐
│利用        │      └────┬─────┘      └──────────┘     │纳滤、反渗透│
└────────────┘           ▼                              │集成装置  │
                    ┌──────────┐                        └─────┬────┘
                    │   水相   │                              ▼
                    └────┬─────┘                        ┌──────────┐
                         ▼                              │ 达标排放 │
                    ┌──────────┐                        └──────────┘
                    │  均浆罐  │
                    └────┬─────┘
                         ▼
                    ┌──────────┐      ┌──────────┐      ┌──────────┐
                    │ 厌氧系统 │═════▶│沼渣进入  │═════▶│固渣资源化│
                    └────┬─────┘      │固液分离  │      │利用      │
                         ▼            └──────────┘      └──────────┘
                    ┌──────────┐      ┌──────────┐
                    │ 沼气脱疏 │═════▶│厂区自发电│
                    └──────────┘      │锅炉燃烧  │
                                      └──────────┘
```

图4-6 厨余垃圾生物处理相关工艺流程图

图4-7 厨余垃圾运输车

图4-8 挤压机

图4-9 缓存罐　　　　　　　　图4-10 三相分离器

水解酸化过程中可视罐内沉砂量的多少，开启除砂泵除砂。水解酸化后通过泵送至全混式厌氧罐中进行消化反应。厌氧罐顶部设有搅拌，保证罐内物料均匀。厌氧罐中的物料通过泵进入换热器，在泥水换热器中，物料与循环水进行热交换，调节厌氧罐内物料温度至37 ℃；经厌氧消化反应后的消化液溢流进暂存罐；定期搅拌消化液防止消化液沉淀，消化液通过泵送至脱水单元进行脱水处理，脱水后的沼渣进入堆肥车间，上清液经转鼓格栅过滤后送至污水处理系统进行处理。厌氧反应中1 m³水产生60 m³沼气，沼气经砂石过滤后，进入沼气脱硫净化系统，脱硫后的沼气送至气柜存放，用于厂区自发电、锅炉燃气等。

4.3 路线三：渗滤液

4.3.1 渗滤液的来源

垃圾渗滤液是垃圾本身含的自由水和长期填埋过程中有机成分分解产生的水，部分未覆盖堆体渗滤液还受降雨的影响。垃圾渗滤液主管道如图4-11所示。渗滤液污染物浓度变化范围见表4-1。

表4-1 渗滤液污染物浓度变化范围

成分	变化范围	成分	变化范围
颜色	黄到黑灰色	SO_4^{2-}	9~750
气味	恶臭	Cl^-	180~3500
SS	2000~35000	As	0.1~0.5
电导率/($\mu S \cdot cm^{-1}$)	10~10⁴	氧化-还原电位/mV	320~380
Cd	0.03~1.7	Pb	0.1~0.2
pH	5.5~9.0	Cu	0.1~0.5
COD_{cr}	400~70000	Hg	0~0.03
BOD_5	80~35000	Cr	0.01~2.6
有机酸	46~24600	Mn	0.4~3.8
TP	0.8~75	NH_3-N	20~7400

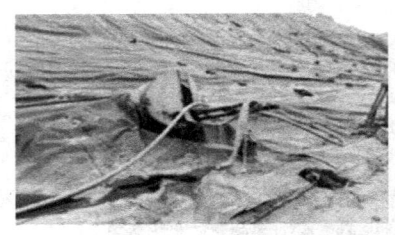

图4-11 垃圾渗滤液主管道

4.3.2 渗滤液收集过程

为了收集库区内产生的渗沥液，在库底无纺布下铺设了300 mm厚碎石和有一定坡度的导流层。其中无纺布可以起到过滤作用，导流层的构成是在每个填埋小区下设置一根渗沥液导排主盲沟和4根支盲沟，盲沟中铺设导排管，渗沥液经导流层分别流入盲沟中的导排管，然后汇集到集水井中，经过潜污泵输送至渗沥液调节池中准备进行净化处理。

4.3.3 渗滤液处理的相关工艺过程

本企业有两种工艺过程。第一种渗滤液处理工艺流程如图4-12所示。

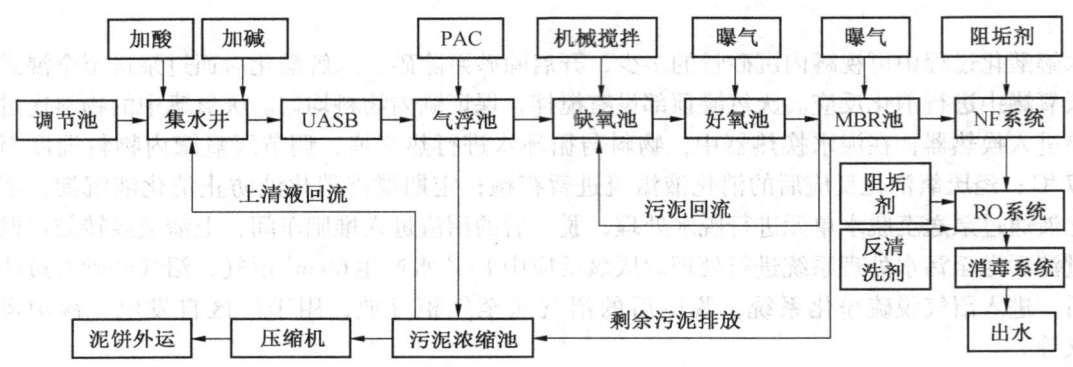

图4-12 渗滤液处理工艺流程图

1. A/O+MBR反应器+纳滤反渗透技术

（1）调节池。调节池深3 m，占地面积1万m^3，容量3.3万m^3。渗滤液通过垃圾填埋区的黄色管道进入调节池。调节池上覆盖着一层HDPE膜（防渗防臭），使池中处于厌氧环境。调节池的主要作用是调节水量、水质和水温，可用作事故排水贮池（图4-13）。

（2）集水井。在调节池中处理过的污水进入集水井（图4-14）。集水井的主要作用是调节pH，提升渗滤液到污水处理单元，通过加酸或者加碱来调节pH，使其达到最佳值6.8到7.2。调节pH的原因是：后续有微生物处理工艺，过酸或过碱的环境都会影响微生物工作。

图4-13 调节池

图4-14 集水井

(3) UASB 工艺。在集水井中处理过的污水进入 UASB（图 4-15），主要是营造一个厌氧环境，使污水与污泥床及悬浮污泥床中的微生物充分混合接触并进行厌氧分解。随着水流的上升流动，气、水、泥三相混合液上升至三相分离器中，气体遇到反射板或挡板后折向集气室而被有效地分离排出；在重力的作用下泥水发生分离，污泥进入下部的沉淀区，使反应器混合液中的污泥有一个良好的沉淀、分离和再絮凝的环境，提高污泥的沉降性能。

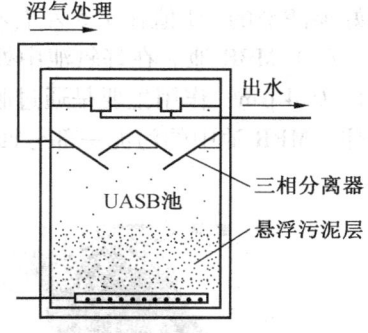

图 4-15 UASB 结构示意图

 提问：如何解决 UASB 运行中出现的污泥流失问题？

（4）气浮池。在 UASB 中处理过的污水进入气浮池（图 4-16）。气浮池的主要作用是去除污泥层，使密度较轻的浮渣在池表层被去除。可以加入 PAC 混凝剂，提高气浮效率。

 提问：与其他混凝剂相比，PAC 混凝剂有什么优缺点？

（5）缺氧池。在气浮池中处理过的污水进入缺氧池（图 4-17）。缺氧池的主要作用是去除有机物和脱氮。污水经缺氧段时，活性污泥中的反硝细菌利用硝态氮和污水中的有机物进行反硝化用，使硝态氮转化为分子态氮而逸进空气中得到有效去除，达到同时去除 BOD 和脱氮的效果。

图 4-16 气浮池

图 4-17 缺氧池

（6）好氧池。在缺氧池中处理过的污水进入好氧池（图 4-18）。好氧池的主要作用是使渗滤液中的铵态氮通过硝化作用转化为硝态氮。好氧池需要敞口曝气，使渗滤液中的短链有机物被分解为 CO_2 和 H_2O。缺氧处理和好氧处理可以看作是一个整体，其中要控制好渗滤液的 pH 值在 7.5 左右不超过 8，温度在 30~40℃。

（7）MBR 池。在好氧池中处理过的污水进入 MBR（图 4-19）。MBR 膜孔径一般在 0.1~0.4 μm，作用主要是通过膜分离设备将生化反应池中的活性污泥和大分子有机物截留住。MBR 池中的污泥一部分回流到缺氧池，剩下的排放到污泥浓缩池。

图 4-18　好氧池　　　　　　　　　图 4-19　MBR 池

（8）NF 系统。在 MBR 池中处理过的污水经提升泵到 NF 系统（图 4-20）。NF 系统是适用于分离分子量在 200 以上、分子大小为 1 nm 左右溶解组分的膜工艺。膜孔在 1~10 nm。主要作用是去除水中的有机物、细菌、病毒及部分盐类。其操作压力在 0.2~0.5 MPa。

（9）RO 系统。在 NF 系统中处理过的污水经保安过滤器到达反渗透系统（RO 系统，图 4-21）。反渗透膜孔小于 1 nm，主要作用是将可以透过的纯水和无法透过的阴阳离子严格区分开来。原理是：在一定的压力下，水分子可以通过 RO 膜，而原水中的无机盐、重金属离子、有机物、胶体、细菌、病毒等杂质无法通过 RO 膜。同时 NF、RO 系统中均要加阻垢剂。经反渗透系统处理过的水经消毒系统处理过后排放到企业内部的鱼塘。

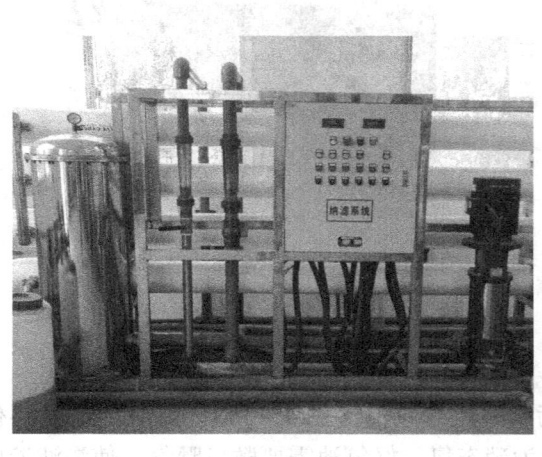 

图 4-20　NF 系统　　　　　　　　　图 4-21　RO 系统

 提问：RO 阻垢剂有哪些？

2. 集成式渗滤液处理工艺

集成式渗滤液处理工艺流程如图 4-22 所示。

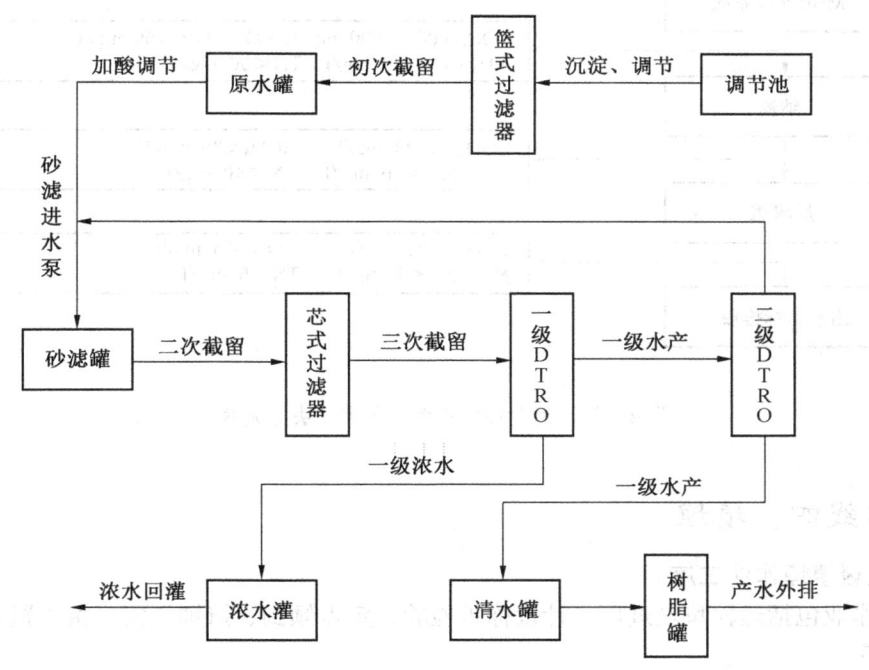

图 4-22 集成式渗滤液处理工艺流程图

渗滤液从调节池由提升泵经篮式过滤器初次过滤后进入原水罐，通过加硫酸调节 pH 值至 6.6 来提高截留率。在原水循环泵的作用下，一路回到原水罐内加酸循环搅拌，另一路则由砂滤进水泵输送到砂滤罐。砂滤罐内的渗滤液自上而下流出进行二次过滤，后经芯式过滤器进行三次过滤；出水由一级高压泵增压至 70 个大气压和一级在线泵增加流速后进入一级 DTRO。处理得到两股水：产水和浓水，浓水排至浓水罐，而后回灌至填埋区；产水经二级高压泵加压至 30 个大气压后进入二级 DTRO，二级产水暂时储存在清水罐中，后经树脂吸附后外排；二级浓水则回到砂滤进水泵前，起到提高整体回收率的作用。

A/O + MBR 反应器 + 纳滤反渗透技术整体工艺设计日处理量 200 t，实际运行量是 80~100 t，出清水 70 多吨；集成式渗滤液处理工艺整体工艺设计日处理量 114 t，出清水 70 多吨，出浓水 40 多吨。两种工艺出水水质符合《生活垃圾填埋场污染控制标准》（GB 16889—2008）中限值。其 pH 为 6.8~7.0，其电导率为 300 μs/cm 左右。

垃圾渗滤液各工艺单元去除效果如图 4-23 所示。

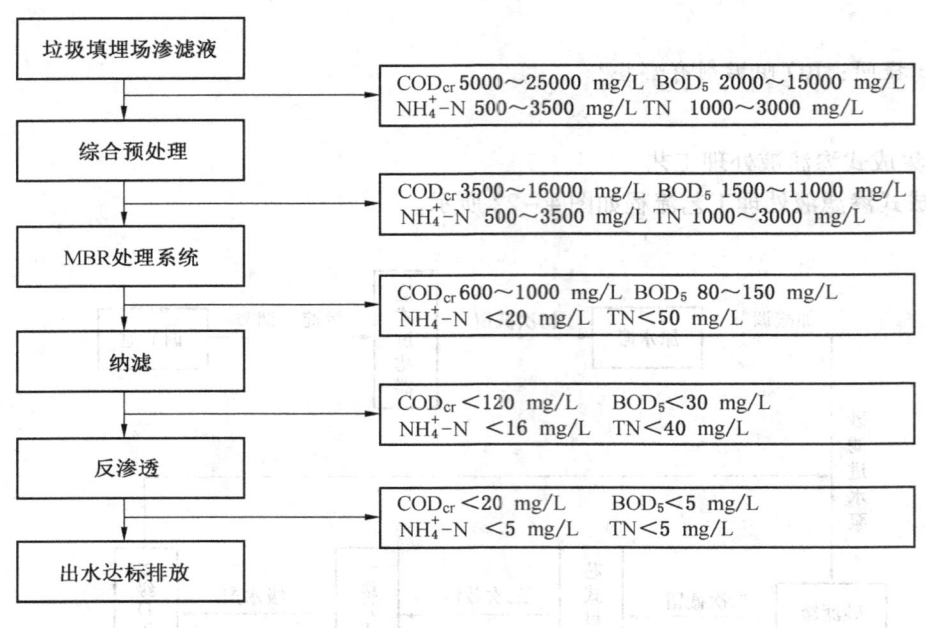

图 4-23 垃圾渗滤液各工艺单元去除效果

4.4 路线四：填埋

4.4.1 垃圾填埋作业工序

填埋作业包括运输垃圾进厂，计量称重检验，定点倾倒、摊铺压实、黄土覆盖，杀菌消毒等工序。

图 4-24 垃圾运输车

1. 垃圾运输

城市生活垃圾要采取密闭方式进行转运，禁止敞开式运送垃圾。垃圾运输过程中应无垃圾扬、散、拖、挂和污水滴漏。垃圾运输车（图 4-24）应加盖，不得超高超载、挂包运输垃圾。垃圾压缩车应加装污水收集装置，在垃圾转运站装运垃圾时，应将污水箱的排污口打开，将污水排放干净，出站前再将排污水口关上，防止沿途洒漏；在垃圾处理场卸完垃圾后，应将污水箱的污水排放干净；经常检查车辆密封构件，确保完好，不泄漏污水。

 提问：每日运输垃圾是什么时间段？

2. 检验计量

要对每天每辆车进行称重统计，以方便对垃圾进行处理收费，对以后的填埋量也有指导性作用；另外根据垃圾数量预计垃圾作业量及编制作业计划；对垃圾车进行抽检，（一般抽查10%~20%），检验进场垃圾是否含有火种、易燃易爆和放射性废弃物，是否含有建筑垃圾、医疗垃圾等。

3. 填埋

生活垃圾卫生填埋工艺流程如图4-25所示，填埋区如图4-26所示。

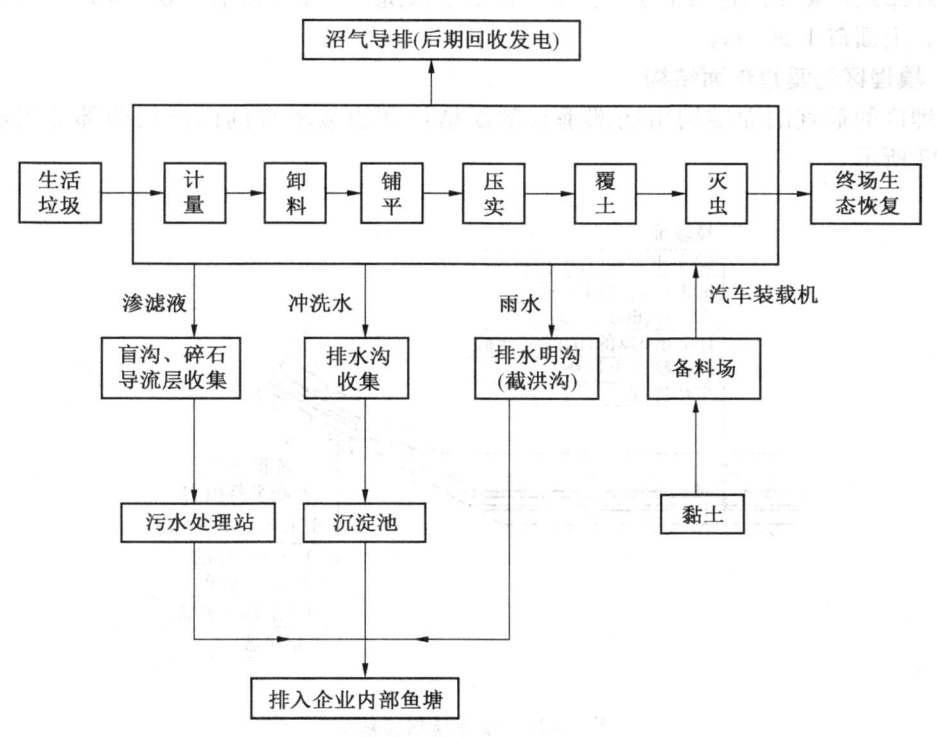

图4-25 生活垃圾卫生填埋工艺流程图

地面以上填埋作业时，应先修筑垃圾作业边堤；距离堆体边缘30 m范围内，边堤高度应始终高于垃圾堆体高度；边堤材料可选用素土或建筑渣土并压实，压实度应不低于90%，边堤的外坡坡度应为1:3，有效厚度应不低于0.5 m。夏季小单元作业填的高度达到6 m，冬季考虑气象因素（北方冬季风多）高度应稍低。

填埋作业过程中应减少垃圾暴露面积，控制垃圾暴露比小于1:1，覆盖材料可选用素土、渣土、建筑垃圾、细垃圾（15 mm以下）、垃圾堆肥、膜材料（覆盖材料不应影响渗沥液导排和填埋气收集）。

雨季的时候处理站采用下行式梯形填埋，通常是悬崖式填埋（正在采用的方式），还有一种斜坡式；实

图4-26 填埋区

行分区、分单元、分层作业。作业工序为卸料、摊铺压实、覆土、消杀；每天按照小单元进行作业，一次填 6 m 的高度，目前填了 4 层；根据每日填埋量不同设置填埋单元大小，每日填完要进行覆土 20 cm（日覆土改为日覆盖），用压实机碾压 3 遍，压实密度达 0.8 t/m³，形成日覆盖。

4. 消杀

处理站用氯氰聚酯进行消杀，主要是除臭、灭蝇，一般早晚各一次，4 层单元为一个大单元，上面覆土 50 cm。

4.4.2 填埋区的垂直剖面结构

填埋区的垂直剖面结构由底部垂直剖面结构和边坡垂直剖面结构两部分组成，如图 4-27 所示。

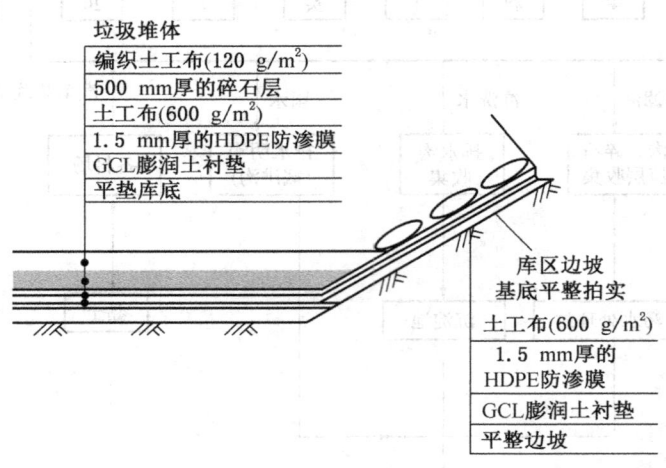

图 4-27 填埋场剖面结构

（1）底部垂直剖面。先把坑的底部整平，铺约 20 cm 厚黏土层；然后用 6.3 mm 钠基膨润土垫衬，接着铺 1.5 mm 厚的 HDPE 膜，即高密度聚乙烯膜；然后再在上面铺一层土工布（600 g/m²），接着铺 50 cm 厚的碎石导流层，导流层内设有导流沟和导排管，通过提升泵将渗滤液收集到渗滤液调节池；最后再铺一层编制土工布（120 g/m²）。坑底防渗完成。

（2）边坡垂直剖面。首先平整边坡并拍实，然后铺 75 cm 厚的黏土层，黏土含沙粒少，水分不容易从中通过；再加 6.3 mm 钠基膨润土，加 1.5 mm 厚的 HDPE 防渗膜，最后盖上 600 g 无纺布。

 提问：1. 试说明填埋区垂直结构中各层的作用。
2. 边坡防塌滑还有哪些具体工程措施？

4.4.3 填埋场的选址要求

根据《生活垃圾填埋场污染控制标准》（GB 16889—2008），填埋场的选址要求主要包括以下7个方面。

(1) 场地的地质条件要稳定，应尽量避开断裂带、塌陷带、地下岩溶发育带，滑坡、泥石流、塌陷等不良地质带，同时场地地基应具有一定承载力（通常不低于1.5 MPa）。修武县周流村的地下表层岩性均为近代冲积物，主要是亚砂土和粉细砂，厚度较薄，表层以下为亚砂土、亚黏土与砂质层土。地基承载力为15 t/m²，地震烈度为7度。地层结构以亚黏土为主，具有相对隔水作用。

(2) 场址竖向标高应不低于城市防排洪标准，使其免受洪涝灾害的威胁。场址为废弃的砖窑厂坑地，长620 m、宽450 m，坑距地面高度为5~8 m，最大深度小于10 m，不影响防洪、泄洪及焦作饮用水源。

(3) 场区周围500 m范围内应无居民居住点，以避免因填埋场诱发的安全事故和传染病。厂址远离居民区，周围半径1.5 km内没有村庄和大型企业。

(4) 场址宜位于城市常年主导风向下风向和城市取水源下游，以减少可能出现的大气污染危害，减轻危害程度，避免对城市给水系统造成潜在威胁，如图4-28所示。修武县全年东北偏东风，其次是东北风频率和西风频率；夏季以东北风为主，其次是东北偏东风和东风；因此当地全年及夏季为主导风向下风向。该项目距离修武目前和规划的水源地磨台营东南11 km，因此产生的渗滤液对城市地下水源水质无影响。

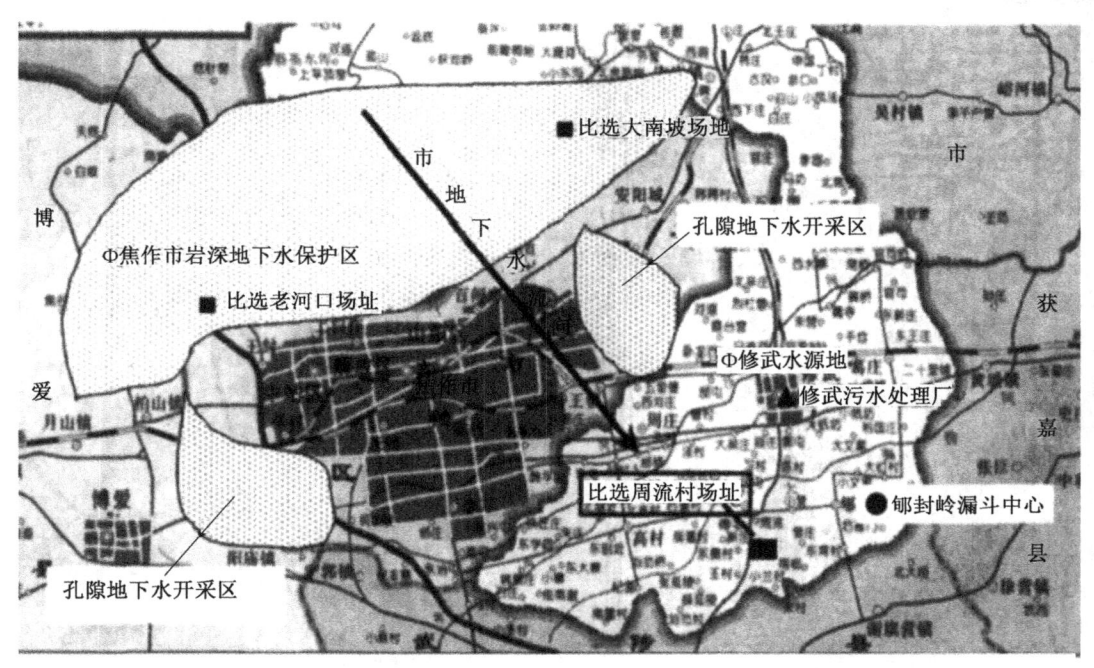

图4-28 比选厂址地理位置及周围环境

(5) 场址附近应有相当数量的覆土土源，以用作填埋场的日覆土、中间覆土和最终覆土。厂址有厚达近20 m的黄土，满足覆土要求。

(6) 场址运距应尽量缩短，通常认为比较经济的废物运输距离不宜超过20 km。该场址位于焦作市南部平原地区，交通便利，运距适中。

（7）场址附近拥有方便的外部交通、可靠的供电电源、充足的供水条件，这样会降低填埋场辅助工程的投资，提高填埋场的环境效益和经济效益。厂址西边为修武通往武陟的公路，交通便利，有可靠的供电电源、供水水源。

4.4.4 生活垃圾其他处理措施

1. 堆肥处理

将生活垃圾经过接种，控制水分和添加氮磷养分，拌料均匀化后成堆，密封保温至70℃储存、发酵，借助垃圾中微生物分解的能力，将有机物分解成无机养分，制成生物颗粒肥。

2. 焚烧

焚烧的实质是将有机垃圾在高温及供氧充足的条件下氧化成惰性气态物和无机不可燃物，以形成稳定的固态残渣。首先将生活垃圾由垃圾运输车运输至焚烧厂，经过计量检验—卸料—破袋—筛分—人工分拣等工序，将高热值垃圾送入贮料坑内，经抓斗到推料器，由推料器到焚烧炉，使垃圾在焚烧炉中进行燃烧，释放出热能，余热回收可供热或发电；低热值垃圾送至填埋场填埋处置；有回收价值的垃圾经人工分拣后资源回用。焚烧烟气经净化后高空排出，飞灰捕集后作为危险固废集中处置，少量焚烧残渣可用于建材原料或填埋。

5 粉煤灰堆场

1. 简介

王掌河粉煤灰堆场是焦作电厂的二期工程排灰场，位于普济河上游支流——王掌河河谷。焦作电厂二期工程采用的是高浓度水力除灰系统，冲灰用水为灰浆沉淀池溢流灰水，灰浆经沉淀池浓缩后由水泵逐级加压通过管道输送至电厂西北约 7.3 km 的二期灰场，即王掌河堆灰场。灰场大坝（图 5-1）顶宽 2.0 m，顶长 422.6 m，坝高 84 m，灰坝由石灰石筑成。内、外侧坝坡采用混凝土预制板护坡，灰场东、西、北由自然山峰围成，卫星全景图如图 5-2 所示。

图 5-1 王掌河的灰场大坝

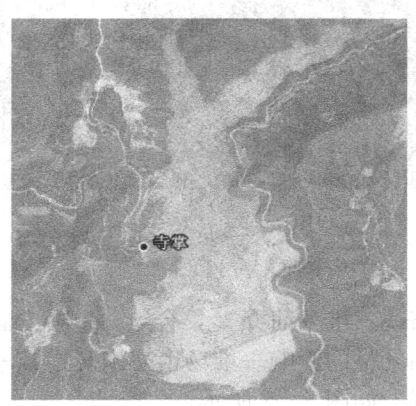

图 5-2 卫星图

2. 发展历史

此灰场于 1986 年投入使用，设计年限 30 年，于 2014 年生态封场。2015 年起，由于粉煤灰成为重要的建材原料，灰场粉煤灰被周围建材厂开挖偷采。近两年灰场加强管理：修缮进场道路；运输车辆出入灰场清洗轮胎；配备雾炮车用于灰场降尘；开挖面覆盖防尘布等。灰场现状如图 5-3 所示。

图 5-3 灰场现状图

3. 位置

东北距许河村 2.0 km，距红砂岭云顶滑雪场 2.1 km，距王掌河村 1.0 km，东距影视城 3.1 km，东南距焦作电厂 7.3 km，南距影视路 1.0 km，西南距森雨文化广场 0.8 km，距麻掌村遗址 0.8 km，距市六水厂 2.6 km，距焦作市龙翔矿山公园 1.1 km，西距寺掌村 0.6 km，西北距东张庄村 2.1 km，如图 5-4 所示。

4. 实习路线

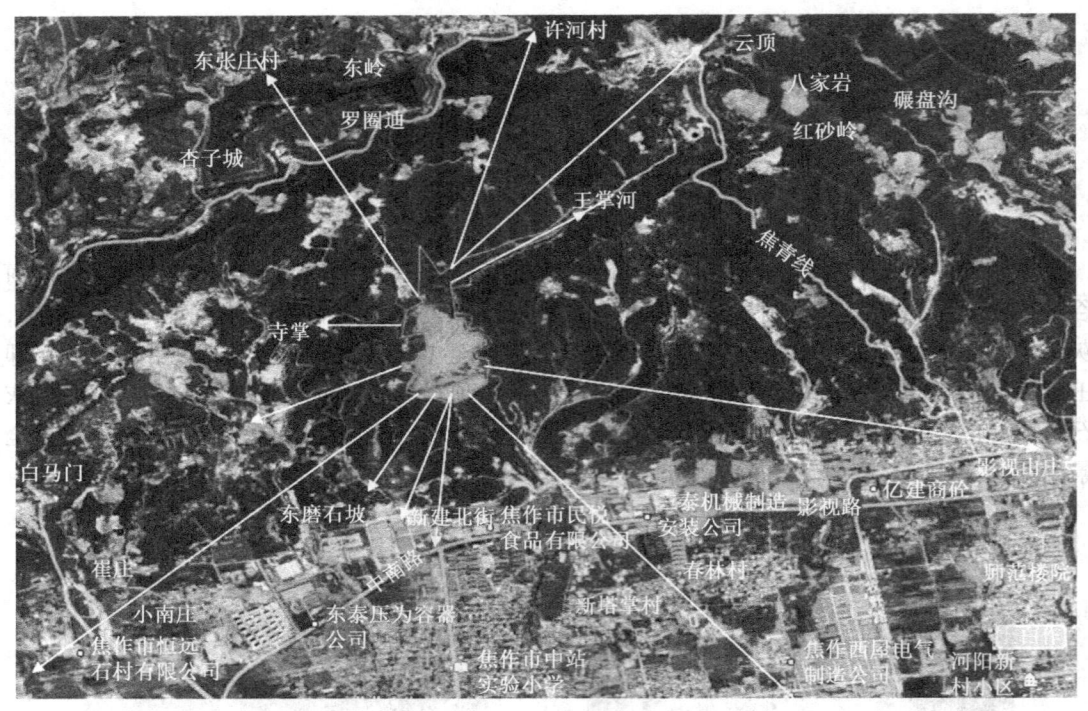

图 5-4　粉煤灰堆场位置图

路线：堆场简介（集合点）—电厂湿式除尘工艺—管道输送粉煤灰工艺—粉煤灰堆场对周围环境的影响—堆场生态恢复措施—粉煤灰资源化综合利用—粉煤灰源削减措施—人文景观，如图 5-5 所示。

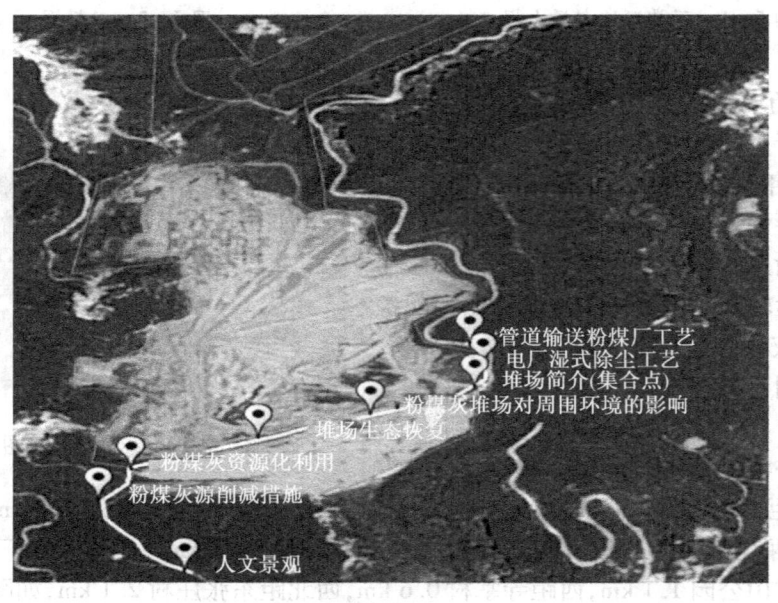

图 5-5　王掌河实习路线图

5.1 实习路线

5.1.1 堆场简介（集合点）

粉煤灰输送管道为直径200 mm的铸铁管，2排双向，分别用于输送粉煤灰进入灰场和灰场上清液返回电厂，管道及其附件于2017年被拆除。遗留管道基座如图5-6所示。

5.1.2 电厂湿式除尘工艺

湿式除尘设备是麻石除尘器（图5-7）。工作原理：含尘烟气以20 m/s的速度由除尘器下部从烟气进口管以切线方向进入筒体，产生强烈的旋转上升气流；烟气中所含的尘粒在离心力作用下被甩向筒壁。水从围绕在除尘器上部的喷水管淋在圆筒内壁上形成水膜，并沿壁往下流。尘粒遇水膜后被润湿而随水膜流入水封排灰装置，然后不断流向沉淀池中。净化后的烟气则由烟气出口管排出。目前电厂主要采用干式除尘工艺。

图5-6　粉煤灰管道基座　　　　　图5-7　麻石除尘器

提问：电厂采用的尾气干式除尘工艺有哪些？

5.1.3 管道输送粉煤灰工艺

麻石除尘器捕集的粉尘经过沉淀池浓缩后，灰浆以灰水比约1∶4进入管道，经沿途泵站逐级加压输送到灰场，电厂排放灰水量为10000 t/d。灰浆输送到灰场后，进入灰场东南角的溢流池，通过导流槽进入灰场不同区域分区沉淀。上清液自流返回电厂作为冲灰水循环使用，粉煤灰则逐层沉积在灰场底部。

提问：管道输送粉煤灰工艺中的灰水比由哪些因素决定？

5.1.4 粉煤灰堆场对周围环境的影响

1. 占用土地资源

2017年，我国粉煤灰历史堆量超过25亿t，且每储存一万吨粉煤灰就要占用3000 m²

左右的土地面积，全国粉煤灰堆场历史占地约 750 km²。王掌河流域总面积约 2.84 km²，堆场面积约为 0.3 km²，东西跨度约 1.3 km，南北跨度约 1.6 km，最深达 80 m。

2. 污染地下水和地表水

当电厂的粉煤灰通过管道进入堆灰厂时，灰渣在大气降水或冲灰水的淋滤下，使粉煤灰中有害元素经过包气带向下渗透。由于早期堆灰厂缺少对堆灰地的防渗处理措施，粉煤灰中污染物质较容易进入含水层，从而污染地下水；刮风时产生的扬尘会污染周围地表水环境；上游河水汇流进入灰场流入下游河道造成污染。

提问：粉煤灰堆场会影响哪些地下水指标？

3. 污染土壤

粉煤灰渣经过沉淀后，会出现分层，下层为粉煤灰，上层为水。当粉煤灰中微量元素进入土壤超过其临界值时，土壤会向环境输出污染物，使其他环境要素受到污染，最终可导致土壤资源枯竭和破坏，使农作物减产，影响植物的生长，使土壤板结。

4. 污染大气

由于粉煤灰颗粒微细，露天堆放时会在风力作用下将表层灰剥离扬起，悬浮于大气的粉煤灰会降低周边空气能见度，导致扬尘污染。

5. 地质灾害

强降雨、洪涝等自然灾害引起山体崩塌、滑坡、泥石流等次生灾害时，灰场中贮存的粉煤灰会成为威胁下游人身安全和生态环境的巨大隐患。

5.1.5 堆场生态恢复措施

在必要的情况下铺设防渗膜（如 HDPE 膜），防止对地下水产生影响；在防渗膜周围建设拦洪沟，拦截上游水或者周围山体径流，将其直接导入坝体的下游，防止周围流域的水进入灰场，污染地表水；在防渗膜上方覆厚度 50 cm 的土，在覆土上种植植物，形成顶面植被层。

恢复某一极度退化的矿区裸土地：①要通过工程措施建立植物生长的立地条件；②引入耐旱、耐贫瘠、速生的先锋植物为临时性植被，使裸土地迅速覆绿；③通过合理的土地管理，如施肥、灌溉或翻耕压青等水肥措施，使土壤迅速培肥和熟化，达到养地的目的；④引入永久性植被，如草本、灌木或乔木。如果要建成公园，还要注意景观设计，主要包括地形、水体、植物、建筑及小品、道路及铺设 5 个要素。不同地形应设计不同景观、不同的水体类型、水岸，不同的植物应搭配不同的种植形式。场地的铺装通过色彩、纹样、质感、尺度、形状等的不同起到提供活动空间、划分场地、联系景观以及美化的作用。

5.1.6 粉煤灰资源化综合利用

（1）粉煤灰的化学组成。粉煤灰根据含游离氧化钙的含量分级，分为 F 类（低钙灰）、C 类（高钙灰）和复合灰。我国火电厂粉煤灰的主要氧化物组成有：SiO_2、Al_2O_3、FeO、Fe_2O_3、CaO、TiO_2、MgO、MnO_2 等，此外还有 P_2O_5 等，见表 5-1。其中氧化硅、氧化钛来自黏土和岩页，氧化铁主要来自黄铁矿、氧化镁、氧化钙来自与其相应的碳酸盐和硫酸盐。

表5-1　锅炉粉煤灰的化学成分　　　　　　　　　　%

SiO₂	Al₂O₃	Fe₂O₃	CaO	MgO	Na₂O·K₂O	SO₃
43~56	20~32	4~10	1.5~5.5	0.6~2.0	1.0~2.5	0.3~1.5

（2）粉煤灰的物理性质。比表面积大，具有吸附能力，含有一部分的碳用于建材，可以用作骨料、絮凝剂、隔热材料。

目前，我国粉煤灰的利用率持续升高，可在建筑、农业、环境保护、造纸、陶瓷等很多方面进行利用。

1. 在建筑方面的应用

粉煤灰可以建成空心砖（图5-8）、灰水泥、粉煤灰混凝土（图5-9）等，在比例控制恰当的情况下，空心砖具有很高的强度。经过化验可知，粉煤灰的主要成分是 SiO_2、Al_2O_3 和 Fe_2O_3，三种成分的熔、沸点极高，可以将粉煤灰制成耐火材料。

 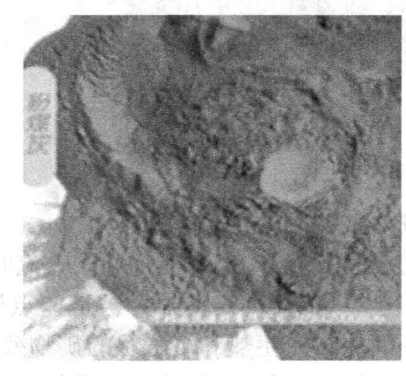

图5-8　空心砖　　　　　　图5-9　粉煤灰混凝土

2. 在农业中的使用

（1）土壤改良。粉煤灰中含有植物生长的多种矿物质，如 Mg、N、Fe、Ca 等元素，施加到土壤中能提高土壤的营养含量，改良酸性土壤，提高 Ca、Mg 缺失土壤的肥力等。粉煤灰也能改善土壤的 pH，提高孔隙率，降低土壤的体积密度。

（2）作为肥料添加剂。粉煤灰是矿物质燃烧的直接产物，富含矿质元素，可替代部分肥料的添加剂，能得到一种很好的复合肥。

3. 在环境保护方面的应用

（1）污水处理。粉煤灰的比表面积大，表面能高，有很强的物理吸附和化学吸附能力，能对污水中的有机和无机物进行吸附而将其去除，也可以用作污泥调理剂，如图5-10所示。

（2）合成分子筛。因粉煤灰沸石具有架状结构和特殊的孔道结构，故拥有较强的离子吸附性能、离子交换性能和较大的离子交换容量，可用于污水中特殊污染物的净化处理、气体中特殊分子的分离与净化、改良土壤等领域。

4. 在造纸方面的应用

粉煤灰中二氧化硅含量多，加工后可作为填料，有利于造纸推动粉煤灰高值利用，也节省了原木消耗，保护了森林资源。

5. 在陶瓷方面的应用

粉煤灰中含有 Al、Si、Fe 和 Ca 等元素，使之成为陶瓷的优良原料，且粒径更细，能省去破碎和研磨工序，节省时间，如图 5-11 所示。

图 5-10 污水处理剂

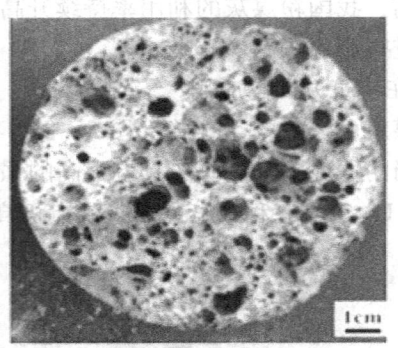
图 5-11 粉煤灰在陶瓷的应用

5.1.7 粉煤灰源削减措施

粉煤灰是由燃煤发电和燃煤生产蒸汽时产生的，由废气带出。一般情况下，煤经磨细后，由空气吹入锅炉燃烧室中并被迅速点燃（煤粉颗粒在电厂锅炉中的平均驻留时间大约仅有 3~4 s），产生热和熔融状的矿物残渣。锅炉管道吸取热量，烟道气体被冷却，熔融状的矿物残渣变硬，并最终形成粉状。粗煤灰颗粒成为底灰或炉渣，掉到燃烧室的底部（即底灰），同时轻的煤灰颗粒（即飞灰）继续悬浮在烟气中，在排放之前被静电收尘器或布袋收尘器等收集下来。粉煤灰源消减有下列 6 条措施：

（1）原料。选择灰分少的原煤进行燃烧。

（2）燃烧过程。在保证锅炉燃用煤质符合要求的情况下通过运行精细调整，适当减少二次风压、降低煤粉细度。

（3）除硫工艺。炉内喷钙改为湿式脱硫，不加脱硫剂，减少粉煤灰。

（4）燃烧效率。增加返料器效率，提高过剩空气系数，增加燃烧效率。

（5）燃烧方式。采用炉箅式燃烧，从侧面和底部加煤，增大炉渣量，减少粉煤灰，但是燃烧效率不高。

（6）清洁能源替代。使用天然气、石油替代。

6 缝 山 公 园

1. 简介

焦作缝山国家矿山公园别名缝山针公园、缝山公园（图6-1），位于焦作市区北部，长约1.5 km，宽约0.6 km，总面积0.9 km²，横跨解放区、山阳区，是一座以展示煤矿开采遗迹景观为主体，以石灰岩采矿遗迹治理、地面塌陷遗迹治理等环境更新、生态恢复手段展示为核心，并融合古代瓷窑遗址、现代影视城等人文景观于一体的综合性矿山公园*。

图6-1　缝山矿山公园

2. 发展历史

19世纪末期，英国福公司开始在焦作地区大规模开采煤炭资源，缝山公园原是焦作工业城市建设重要的采石场。20世纪80—90年代中期，焦作缝山国家矿山公园境内有采石场12家，严重破坏了焦作市生态环境。2005年6月5日，焦作缝山国家矿山公园正式开工建设。2006年4月，焦作缝山国家矿山公园竣工并正式开放，时称缝山针公园，2010年5月被国土资源部评为国家级矿山公园。

3. 位置

正门（东经113°13′54″，北纬35°15′48″，海拔194 m），园内落差130 m。公园南临影视路，南距河南理工大学北校区（原焦作路矿学堂）2.2 km，东临翁涧河，东北距圆融寺1.3 km，距当阳峪瓷窑遗址2.0 km，西距影视城和普济河2.6 km，如图6-2所示。

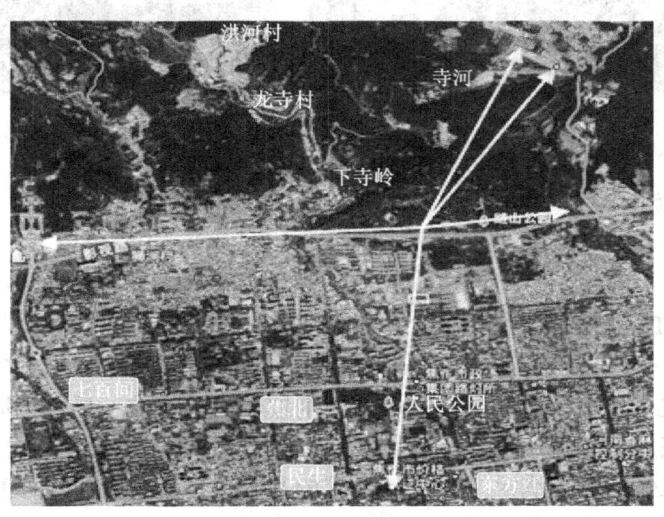

图6-2　缝山矿山公园位置图

---

* 注：将焦作北山的影视城和当阳峪瓷窑遗址等并入申报国家级矿山公园。

4. 实习路线与目的

（1）路线一：谷地，包括讲解点1和2。了解城市矿山公园的发展历史、位置特征、矿山生态工程概况和垂直坡面生态工程。

（2）路线二：步道，包括讲解点3、4和5。了解矿山开采对周围环境的影响、城市矿山公园生态工程措施的层级、矿山生态恢复的类型。

（3）路线三：攀登，包括讲解点6、7和8。了解城市雕塑的类型与教育警示意义、岩石风化过程、景观概念与要素。

实习路线如图6-3所示。

彩图

图6-3 缝山矿山公园实习路线图

6.1 路线一：谷地

6.1.1 矿山生态工程概况（讲解点1）

焦作市缝山针公园环境地质问题主要是由于石料场露天开采而引发的边坡失稳及生态环境恶化。针对这个环境特点，主要采取部分削坡、部分清坡、局部加固、主坡面顶部修建防护栏杆、坡底外设置隔离围栏、边坡坡面和平台上综合复绿等工程措施来恢复治理。完成削坡、清坡工作后，在满足工程设计要求的基础上，缝山针矿山修复工程采取了以厚层基材喷播绿化为主，在局部弱风化、边坡坡角大于85°的边坡辅以多功能植生槽的技术工艺，同时结合播种、扦插、土壤改良、施肥和保水保湿技术以及其他防护措施；同时，对开采过程中生态受损严重的山顶部，运用了削坡，清坡后再覆土种植绿化的方案，取得了较好的效果,固化了山体,减少了滑坡风险,美化了环境。

6.1.2 垂直坡面生态工程

工程分为砌石块墙、混凝土喷浆造型、连续拱骨架技术、三维植被网技术、生态袋护坡技术和草皮铺设法。

(1) 砌石块墙。指利用各种岩石掺杂混凝土堆砌成护坡墙(图6-4),从而防止因雨水冲刷导致存在安全隐患或者山体不稳。该方法多用于坡面较陡、山体不稳且易遭受水流冲刷的边坡。优点:该法稳定性较高,抗冲刷能力强,使用时间较长。缺点:造价高,不够美观,与周围景观融合性差。

图6-4 砌石块墙

提问:如何提高石块墙与周围景观的融合性?

(2) 混凝土喷浆造型。先在岩体上铺上钢丝或塑料网,并用锚杆和锚钉固定,将混凝土浆料喷射至坡面后造型(图6-5)。

(3) 连续拱骨架技术。是一种建筑施工技术,通过在坡面上安装钢筋模板、浇筑水泥材料来牢固坡面,继而进一步提升坡面的稳固性,提升土壤的稳定性,有助于坡面植物墙绿色植被的生长,如图6-6所示。

图6-5 悬崖瀑布　　　　图6-6 连续拱骨架

(4) 三维植被网技术。是一种网包形式,利用三维植被网将坡面所栽种的植物包围其中,其蓬松的网包能够有效保证草籽的固土作用,保护皮面植被不受到恶劣天气的侵蚀。先在岩体上铺上钢丝或塑料网,并用锚杆和锚钉固定,将植被混凝土原料搅拌后喷射至坡面,形成近10cm厚的植被混凝土,之后再经防晒保墒洒水养护,使植物生长达到绿化的目的(图6-7)。其主要作用有:降低雨水流速,帮助土颗粒、草籽固定,在边坡表层土中起着加筋加固作用,从而有效防止表面土层滑移。

(5) 生态袋护坡技术。是一种利用人造土工布料制成生态袋,将植物装在有土的生

 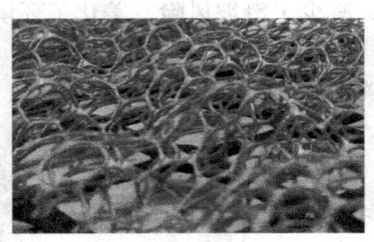 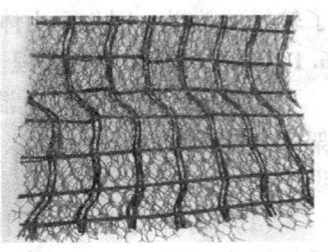

(a) 三维植被网　　　　　　　　　　　　　　(b) 加筋三维植被网

图 6-7　三维植被网

态袋中生长，固定在坡面表面，以此来进行护坡和修复环境的一种护坡技术。生态袋（图 6-8）具有透水不透土的过滤功能，既能防止填充物（土壤和营养成分混合物）流失，又能实现水分在土壤中的正常交流，因此在生态袋中装入植物种子可以保证植物的正常生长发育。

讲解点 2（图 6-9）：因为过度开发山体导致该断崖存在一定的坍塌风险，为避免对断崖上方旅游步道的影响，不宜采用削坡处理，因此采用生态袋护坡技术（图 6-10）。

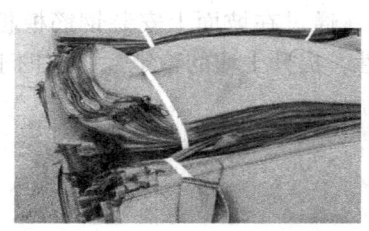 

图 6-8　生态袋包装　　　　　　　　　图 6-9　讲解点 2

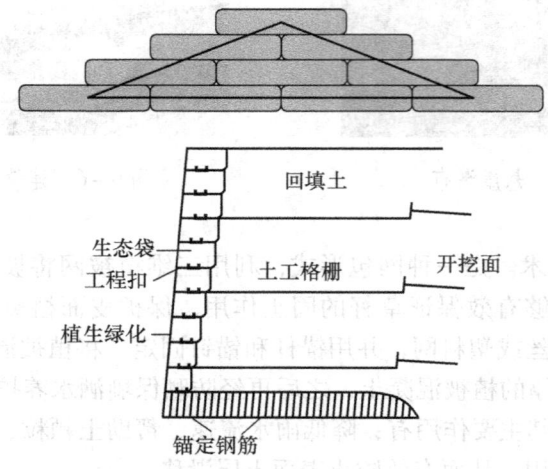

图 6-10　生态袋护坡技术

首先在底部进行垂直钢筋锚固，在坡顶固定山岩，坡脚铺设碎石导水层，在处理好的坡脚处平整地码放一层生态袋；然后将工程扣放置在两个生态袋之间且靠近袋子内边缘的地方；再在上面水平码放一个生态袋，使工程扣棘爪刺穿生态袋的中腹正下方，铺设一层生态袋用木槌夯实，上层的生态袋重量便会牢牢地把连接扣压入袋子中，形成生态袋与生态袋之间的坚实连接，摆放次层生态袋要向坡内方倾斜5%；每隔1.0~1.5m铺设土工格栅以连接生态袋和基岩开挖面，并填充客土压实形成平台，平台上铺设排水管道，具有正常排水、快速滤水和减少静水压力的作

图6-11 生态袋施工

用；逐级达到坡顶，在生态袋顶层安装有水管道喷水，并且定期喷洒营养液，保证生态袋内植物种子的正常生长发育。生态袋施工如图6-11所示。

该工程失败的原因分析：①生态袋内土壤应具有一定的孔隙度，松散，保水保肥性高，有机质含量较高，但该工程却选择含砾石较多的基岩土；②定植植物应选择当地先锋物种，耐旱耐寒耐贫瘠，但该工程却选择德国羊毛草，价格昂贵且难以适应当地环境，管理成本高；③植物种子应掺入生态袋内土壤或采用插播形式，但该工程却采用喷播形式，根系穿插生态袋能力弱，生长不良；④生态袋顶部排水系统设置不合理，使顶部暴露面土壤随径流外溢到生态袋外侧。

（6）草皮铺设技术。指利用已经栽种培养好的草皮，直接铺设在坡面上，形成坡面垂直绿化植物墙（图6-12）。草皮铺设法是一种极为快速的施工技术，能够在短时间内实现园林工程的坡面防护和绿化效果，并且通过草皮自身携带的土壤有效保障了植被生长环境以及条件的稳定。

(a) (b)

图6-12 坡面垂直绿化植物墙

6.2 路线二：步道

6.2.1 石灰岩开采对周围环境的影响

1. 石灰岩矿开采过程中对生态、植被和自然景观的影响

石灰岩是一种常见的沉积岩，大多分布在丘陵或低矮的山丘地区。开采一般采用露天

开采的方式，开采时通过剥离地表的覆盖层，首先使地表的植物受到了破坏，改变了原有地区的生态环境，使得矿山山体岩层裸露，导致地形的坡度增大；同时，开采后余下的边坡通常为坚硬的碎石和石块，覆盖土壤较少，植物生长的条件极差。一些地区由于长期无序的开采，造成了矿区内水土流失、土壤板结等生态破坏。有的石灰岩矿山位于各类自然保护区、风景名胜区、水源保护区、重要基础工程设施保护区及城镇周边等，严重影响自然景观、旅游资源、水资源、重要的基础工程设施的保护和城镇的发展及环境的改善。有的矿山位于国道、省道、高速公路、铁路两侧1000 m可视范围以内，有碍观瞻。

2. 废渣土堆存影响

废渣土场是由矿山开采时剥离的表层土、开采以及加工时产生的废石堆积而成，一般结构较松散，遇到雨季易形成水土流失和坍塌现象。同时，废渣土一般在矿体外围的沟谷中或低洼地带堆存，压占大量的土地资源。这些废渣土在空气、水、温度的风化作用下，风化分解，造成土地环境污染。

3. 改变水文地质条件

采矿引起地表径流汇流路径的改变，引起地下水突出或者水位下降；同时还会引起地下水硬度、酸度等指标的增加，进而会引起重金属活性的增加。矿山开采会诱发地质灾害的发生，如采空区塌陷、地面裂缝和沉降、堆土场泥石流和矿井突水等。

 提问：采矿活动如何引起地下水硬度和酸度的增加？

4. 环境污染影响

石灰岩开采活动中的环境污染主要有噪声、废气、粉尘和废水。噪声的来源主要为矿山爆破时产生的噪声和矿山机械作业时钻孔机、凿岩机、挖掘机等设备产生的噪声及车辆的运输噪声；废气主要为开采过程中，由于大量使用炸药，产生的大量有害气体；粉尘主要是矿山爆破时的扬尘、破损过程中产生的粉尘颗粒物、废渣土堆积产生的扬尘、汽车装卸运输过程中产生的扬尘等，而石灰岩开采过程中的粉尘中主要为石灰石颗粒物。矿山活动产生废水/污水的排泄会污染附近地下水和地表水。

6.2.2 城市矿山公园生态工程措施的层次

生态工程措施分为基岩、土壤、水、植被、景观、人等不同层面：①在基岩层面，主要出于岩石的稳定性考虑，可采用削坡、阶梯化、鱼鳞坑、混凝土固化、纤维网固定和钢筋锚固等工程措施；②在土壤层面，主要出于土壤的养分供给能力考虑，可采用客土法、添加保水剂、颗粒化肥或生物肥、草木灰、菌根法等；③在水层面，主要考虑径流路径的合理规划与再分配，包括排洪沟、集水井窖布局、绿化中水塔和管网的布局、喷泉/瀑布等景观的构建（讲解点5）；④在植被层面，主要从生态演替的角度考虑，包括先锋物种的选择、关键种群的构建和定期人工干扰措施；⑤在景观层面，主要考虑斑块、廊道、本地景观3要素的合理布局，包括生态岛、生态廊道的布局等，以保证生物的多样性；⑥在人的层面，主要考虑景观与游客之间的交互协调性，包括步道的坡度、走向、类型、步道两侧景观布局以及休憩/卫生间/垃圾桶的合理布局等。

6.2.3 矿山生态恢复的类型

目前的矿山生态修复按其治理目的和功能,可分为生态恢复型、景观再造型和土地利用型。

(1) 生态恢复型。对矿山废弃地进行治理,对裸露、受损和被污染矿区进行植被重建和生态修复,使其恢复成和周边自然生态(包括生物多样性和植被景观)最近的状态,俗称"矿山复绿"。

(2) 景观再造型。不是对废弃矿山一味地削破、复绿,而是保留和利用其部分特殊的地形地貌、岩石,进行艺术化的人工景观再造、重塑和修饰,如保留好的景观石,加上摩崖石刻,形成溪水、瀑布等,形成公园化的生态环境景观,即矿山公园。

(3) 土地利用型。对废弃矿山治理的主要目的是为了利用矿区土地资源,使其成为农业用地(复垦)、林业用地、建筑用地、鱼塘水面等。

讲解点 3:金字塔阶梯绿化。长期开发导致矿山上植被破坏严重,山上堆积许多碎石,具有危险性。因此,沿山的周围一圈一圈铲出一层一层的阶梯,在阶梯层上撒上一层土壤,种上生存能力强的植物(图 6-13)可保持生态系统的复杂性,既能美化环境也能进行生态修复。

图 6-13 金字塔阶梯绿化

讲解点 4:谷底花园。由于长期开采矿石,会形成落差较大的矿石深坑,引起安全隐患。因此,缝山针公园采取因地制宜的方法,把采石坑改建成了一座花园:首先,平整坑底地面;同时,用碎石铺设成一条小溪的河道,不但将废弃资源重新利用,而且方式新颖,更加具有欣赏性;最后在河道中间的小岛上建造凉亭,种植树木,便构成了一座让人流连忘返的谷底花园(图 6-14)。

图 6-14 谷底花园

6.3 路线三：攀登

6.3.1 城市雕塑的类型与教育警示意义

城市雕塑的主要类型有：主题性雕塑（图6-15）、纪念性雕塑、装饰性雕塑、标志性雕塑、展览陈设性雕塑、实用功能性雕塑、艺术综合体。

缝山针为焦作缝山国家矿山公园标志性建筑，位于焦作缝山国家矿山公园中部凤凰山山顶上，是一座不锈钢手术针外形雕塑，呈弯月状，海拔高度327 m。该雕塑高20 m、直径0.8 m、重达10 t，寓意把山体作为有生命的物体、人类的朋友，要像动手术一样，来缝合采矿给山体带来的"伤口"，使其恢复健康"体魄"，造福人类。

6.3.2 岩石风化过程

岩石风化是地表近地表环境中的自然力，如风力、冰川运动、水力、化学反应等对岩石的分解作用（图6-16）。根据分解的原理，可以将风化作用分为3种类型：物理风化、化学风化、生物风化。

图6-15 主题性雕塑区

图6-16 岩石风化

（1）物理风化。岩石只发生机械破碎，化学成分没有变化，如岩石热胀冷缩而破裂。

（2）化学风化。岩石中某些物质与外界物质发生化学反应，生成另一种或几种物质，使岩石整体变松或破坏。这一过程中，岩石不但化学成分发生了变化，而且可能发生了破碎。

（3）生物风化。生物在生命活动过程中或死亡后，对岩石的破坏作用，可能有物理过程（如植物根劈作用），也可能有化学过程（如某些细菌分泌物对岩石的腐蚀），如图6-17所示。

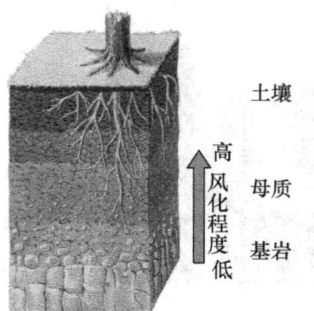

图6-17 生物风化

6.3.3 景观的概念与要素

景观指具有审美特征的自然和人工的地表景色，意同风光、景色、风景。自然地理学中指一定区域内由地形、地貌、土壤、水体、植物和动物等所构成的综合体。

景观生态学的概念，指由相互作用的拼块或生态系统组成，以相似的形式重复出现的一个空间异质性区域，是具有分类含义的自然综合体。

按照在景观中的地位和形状，景观要素可以分为斑块、廊道、基质3种类型。斑块是指与周围环境在外貌或性质上不同，但又具有一定内部均质性的空间部分。其大小、类型、形状、边界位置、数目动态以及内部均质程度对生物多样性的保护都有特定的生态学意义。廊道是具有通道或屏障功能的线状或带状的景观要素，是联系斑块的重要桥梁和纽带。廊道在很大程度上影响着斑块间的连通性，也在很大程度上影响着斑块间物种营养物质能量的交流和基因交换。基质是景观的本底，是景观中面积最大、连接度最好、对景观控制力最强的景观要素。基质对斑块嵌体等景观要素内及景观要素之间的物质能量流动、生物迁移觅食等生态学过程有明显的控制作用，因而作为背景的基质对生物多样性保护起关键作用。

 提问：斑块大小与生物多样性的关系？

参 考 文 献

[1] 金蓓, 李琳, 李冰, 等. 啤酒工业废水处理的研究概况 [J]. 食品科学, 2007, 28 (10): 569 – 573.
[2] 陈恺立, 王仲旭, 郑艳芬. 啤酒废水治理工程改造 [J]. 水处理技术, 2015, 41 (3): 128 – 130.
[3] 胡洪营, 张旭, 黄霞, 等. 环境工程原理 [M]. 北京: 高等教育出版社, 2015.
[4] 合肥中辰轻工机械有限公司. SXP 系列超高速双端洗瓶机清洗流程图 [EB/OL]. http://www.hfqj.com/show – 18 – 126 – 1.html.
[5] 环境部收到青岛啤酒感谢信: 新标准为企业绿色复苏释放政策红利 [EB/OL]. https://baijiahao.baidu.com/s? id = 1689835167328197170&wfr = spider&for = pc.
[6] 王文甫. 啤酒生产工艺 [M]. 北京: 中国轻工业出版社, 1997.
[7] 黄海宇, 雷恒毅. 谈城镇污水处理厂辐流式二沉池形式 [J]. 广东科技, 2009, 208 (3): 2 – 4
[8] 王涛, 施周, 施清华, 等. 周进周出辐流式沉淀池三维数值模拟与 PIV 实验对比研究 [J]. 环境工程学报, 2017, 11 (1): 159 – 164.
[9] 高廷耀, 顾国维, 周琪. 水污染控制工程 [M]. 北京: 高等教育出版社, 2015.
[10] 孟红旗, 赵爱平. 污染源调查实习课程的参与式教学探索—以市政污水处理厂为例 [J]. 高等建筑教育, 2017, 26 (2): 144 – 147.
[11] 赵丽, 张庆, 尹国勋, 等. 焦作市生活垃圾填埋场场址的比选 [J]. 河南理工大学 (自然科学版), 2008, 27 (1): 68 – 71.
[12] 徐巩固, 高书岭. 焦作电厂水力除灰改为干除灰前景探究 [C]. 全国燃煤二氧化硫氮氧化物污染治理技术"十一五"烟气脱硫脱氮技术创新与发展交流会, 2007.
[13] 任联营, 吴光辉. 焦作电厂粉煤灰在混凝土中应用的可行性浅析 [J]. 粉煤灰综合利用, 1992, 18 (3): 58 – 60.
[14] 李珮. 掺粉煤灰水镁石纤维路面混凝土力学性能及耐久性能试验研究 [D]. 重庆: 重庆交通大学, 2016.
[15] 盛连喜. 环境生态学导论 [M]. 北京: 高等教育出版社, 2002.
[16] 肖笃宁. 景观生态学 [M]. 北京: 科学出版社, 2010.

图书在版编目（CIP）数据

环境认识实习指导／孟红旗，黄兴宇主编．－－北京：应急管理出版社，2021

普通高等教育"十四五"规划教材

ISBN 978－7－5020－8921－4

Ⅰ.①环… Ⅱ.①孟… ②黄… Ⅲ.①生态环境—教育实习—高等学校—教学参考资料 Ⅳ.①X171.1

中国版本图书馆 CIP 数据核字（2021）第 196365 号

环境认识实习指导（普通高等教育"十四五"规划教材）

主　　编	孟红旗　黄兴宇
责任编辑	张　成
责任校对	邢蕾严
封面设计	罗针盘
出版发行	应急管理出版社（北京市朝阳区芍药居 35 号　100029）
电　　话	010－84657898（总编室）　010－84657880（读者服务部）
网　　址	www.cciph.com.cn
印　　刷	北京建宏印刷有限公司
经　　销	全国新华书店
开　　本	787mm×1092mm$^1/_{16}$　印张 6　字数 131 千字
版　　次	2021 年 10 月第 1 版　2021 年 10 月第 1 次印刷
社内编号	20210815　　　　　　　定价　24.00 元

版权所有　违者必究

本书如有缺页、倒页、脱页等质量问题，本社负责调换，电话:010－84657880